Kawamoto · Saikei

Toshio Kawamoto

Saikei

Miniaturlandschaften mit japanischen Zwergbäumen

BLV Verlagsgesellschaft
München Wien Zürich

CIP-Kurztitelaufnahme der Deutschen Bibliothek

Kawamoto, Toshio:
Saikei: Miniaturlandschaften mit japan. Zwergbäumen /
Toshio Kawamoto. [Übers.: Horst Daute]. –
München, Wien, Zürich: BLV Verlagsgesellschaft, 1980.
Einheitssacht.: Saikei ⟨dt.⟩
ISBN 3-405-12233-3

Übersetzung: Horst Daute

Titel der englischen Originalausgabe
Saikei: Living Landscapes in Miniature

Satz und Druck: Georg Appl, Wemding
Bindung: Conzella, Urban Meister, München
Printed in Germany · ISBN 3-405-12233-3

Inhalt

Einführung	6
Material und Hilfsmittel	9
Pflanzung der Bäume	25
Verwendung von Steinen und Erde	43
Saikei-Felsenpflanzung	56
Anzucht von Jungpflanzen	67
Gestaltung und Erhaltung der Baumform	76
Pflege des Saikei	93
Meisterwerke des Saikei	96

Einführung

Der ständig fortschreitende Trend zur Verstädterung und Bebauung von Grünflächen ist am augenscheinlichsten in unseren Großstädten selbst; auch die letzten grünen Inseln fallen hier den wachsenden Anforderungen unserer Gesellschaft zum Opfer. Der Stadtmensch mag zwar für einige Tage diesem entrinnen und aufs Land flüchten, seine Erholung wird aber nur von kurzer Dauer sein, und im Alltag sehnt er sich doch ständig nach einem Stück Natur. Nicht jeder besitzt einen eigenen Garten, und da stellt sich die Frage, wie sich in der Betriebsamkeit und Enge der Städte eine – wenn auch noch so geringe – Verbindung zur Natur ausdrücken soll.
In diesem Zusammenhang erweist sich Saikei als eine besonders interessante Alternative zu den übrigen Möglichkeiten, selber Pflanzen zu kultivieren, indem nämlich diese Kunst einmal den Bedürfnissen der Stadtbewohner sehr nahe kommt und zum anderen von ihren Ansprüchen her durchaus im Bereich des Machbaren liegt.
Wörtlich übersetzt heißt Saikei soviel wie »naturgetreue Landschaft«, und tatsächlich werden hierbei ganze Landschaftsausschnitte im Kleinen geschaffen; so ist es beispielsweise möglich, die Kühle und Ruhe einer Waldlichtung einzufangen, und das in einer Schale, die nicht größer als 35 cm im Durchmesser ist. Man kann auch versuchen, ein Stück natürlicher Szenerie, das einem bei einer Fahrt übers Land aufgefallen ist, nachzuempfinden. Saikei läßt der Phantasie alle Grenzen offen, hier wird die Formenstrenge gemieden, die bei Bonsai oft von großer Wichtigkeit ist; die Empfehlungen zielen hier mehr auf die Experimentierfreude und die Freiheit in der Gestaltung.

Saikei ist aber auch ein schönes Hobby für diejenigen, die ohnehin das Glück haben, einen eigenen Garten zu besitzen. Eine Saikei-Landschaft mag sowohl als Modell für einen in der Planung bestehenden Garten in der normalen Größe dienen, als auch eine Bereicherung im Wohnbereich als zusätzliches »Gärtchen« darstellen. Viele Saikei-Miniaturlandschaften können auch draußen im Garten als dekoratives Element einbezogen werden.
Niemand wäre geeigneter, dem Leser die Kunst der Saikei-Gestaltung nahezubringen und ihm ein Gefühl für die besondere Ästhetik zu vermitteln, als gerade der Verfasser dieses Buches und Begründer der Saikei-Schule, Toshio Kawamoto.
Obwohl noch eine relativ junge Weiterentwicklung auf dem Bereich der japanischen Pflanzenzucht, hat Saikei doch bereits eine große Anhängerschaft, zu der sich ständig mehr Menschen gesellen. Die ungeheure Faszination, die Saikei sowohl auf eingefleischte Bonsai-Freunde, als auch auf Laien ausübt, liegt nicht nur in der natürlichen Schönheit des Dargestellten, sondern wohl auch in dem unbeschreiblichen Etwas, was als das »Wesen« der Bäume umschrieben werden könnte. Je mehr Erfahrung man bei der Gestaltung und Betrachtung von Saikei gewinnt, desto offensichtlicher wird das Bewußtsein um den Unterschied, der Saikei-Bäume von den Baumriesen in der Natur trennt, und das ist allein die Größe.
Als der Autor nach dem II. Weltkrieg in die Fußstapfen seines Vaters trat, der als weithin anerkannter Bonsai-Experte galt, war Bonsai noch ein anspruchsvoller Zeitvertreib für einige wenige, wohlhabende Liebhaber oder die Söhne der Spezialisten, die von Kindheit an in diese Kunst eingewiesen werden konnten. Später machten sie dann Bonsai zu ihrem Beruf oder widmeten zumindest den größten Teil ihrer Zeit dieser Kunst. Ihr großer Stolz bestand im Besitz sehr alter Bäume, die noch in wertvolle, aus China importierte Schalen gepflanzt wurden. Der normale Bürger mußte sich, wenn er ebenfalls Pflanzen liebte, damit begnügen, Blumen in seinem Garten zu züchten oder mit gewöhnlichen Topfpflanzen zu arbeiten.

Kawamoto sah aber die Möglichkeit, Bonsai zu einem weitverbreiteten Hobby zu machen, das jedem, ohne Rücksicht auf seine gesellschaftlichen oder wirtschaftlichen Möglichkeiten offenstand. Seiner Vorstellung entsprechend sollte Saikei der Ausgangspunkt einer neuen, bonsai-verwandten Pflanzenkultur sein, die einfach jedem zugänglich war. Gleichzeitig entwickelte er damit eine breitere Palette von Ausdrucksmöglichkeiten innerhalb eines Pflanzenarrangements.

Gruppenpflanzungen und Felsenbonsai wurden zu jener Zeit immer beliebter, und genau auf diese beiden Bonsai-Stilrichtungen baute Saikei auf. Herr Kawamoto konnte dabei viele der überlieferten Reglementierungen einfach fallenlassen, denn im Falle von Saikei geht es ja um ganz andere Ziele. Bei einer Bonsai-Gruppenpflanzung werden mehrere Bäume der gleichen Art in eine Schale gesetzt, um den Eindruck eines Wäldchens oder eines Haines zu schaffen. Die Anzahl der möglichen Baumarten ist dabei begrenzt, jede einzelne Pflanze muß ein Alter von mindestens 10 Jahren besitzen und darf sich in ihrer Größe nicht allzu sehr von den anderen unterscheiden. Im Falle von Saikei können dagegen Jungpflanzen der verschiedensten Arten Verwendung finden.

Beim Felsen-Bonsai wird der Baum direkt auf einen Stein gepflanzt, der eine möglichst ansprechende Form haben muß. In Japan wird es tatsächlich immer schwieriger, passende Felsen in ihrer natürlichen Umgebung zu finden, und wenn man sie kauft, sind sie sehr teuer. Die für Saikei verwendeten Steine können jedoch beliebig geformt sein und einfach teilweise in die Erde eingelassen werden, wenn an bestimmten Stellen ihre Oberfläche weniger attraktiv sein sollte. Die Suche nach einem perfekten Felsen kann hier also entfallen.

Ein beachtenswerter Vorteil von Saikei liegt also darin, daß die Materialien sozusagen in Hülle und Fülle vorhanden sind. Sogar die Ausgaben für wertvolle Gefäße lassen sich gut umgehen, denn schlichte Schalen sind für Saikei-Pflanzungen besonders zu empfehlen – und vielleicht können Sie auch diese selber herstellen.

Zum anderen wachsen eben das kreative Element und das Gefallen am Nachempfinden der natürlichen Vorgaben mit der Reichhaltigkeit des verwendbaren Materials und den Möglichkeiten, aus diesen Materialien neue Kombinationen zu bilden.

Da zur Vervollkommnung eines ausgewachsenen Bonsai mehrere Jahrzehnte nötig sein können, wird ein Bonsai-Liebhaber vielleicht sein ganzes Leben damit verbringen, solch einen Baum heranzuziehen. Beim Saikei dagegen braucht man nicht erst darauf zu warten, daß ein Baum vollkommen ausgewachsen ist, bevor man ihn bewundern kann. Ein Saikei-Arrangement kann schon aus drei- oder vierjährigen Jungpflanzen zusammengestellt werden. Wenn die Bäume in einer Saikei-Pflanzung einmal zu groß geworden sind, kann man sie einfach wieder herausnehmen und als einzelnen Bonsai weiterkultivieren. Auf diese Weise kann Saikei – für den Anfänger ein leicht zu erschließendes Hobby, das nicht sehr viel Zeitaufwand verlangt – für Bonsai-Freunde einen zusätzlichen Reiz bieten: das Jungpflanzen-Material, aus dem einmal schöne Bonsai werden sollen, läßt sich nämlich auch in diesem Vorstadium schon in Saikei-Landschaften attraktiv arrangieren.

Die Techniken des Formens und der Pflege von Saikei sind im wesentlichen dieselben, die im Falle von Bonsai angewendet werden. Ausputzen, Beschneiden, Drahten und Umpflanzen sind die zu Grunde liegenden Techniken, und gerade ihre Ausübung macht schließlich einen Großteil der Freude aus, die man an Saikei gewinnen kann. Der Laie glaubt oft, daß Bonsai-Techniken äußerst kompliziert sein müßten, daß sie viel Übung und Erfahrung erforderten und damit für Anfänger überhaupt nicht zu erschließen seien. Das ist einfach nicht wahr. Übung und Erfahrung sind zwar im allgemeinen der beste Weg zum Erlernen einer Fähigkeit; die kleinen Erfolge beim Zusammenstellen einer vielversprechenden Saikei-Komposition sind es aber vor allem, die einen Anfänger zum Weitermachen ermutigen. Ein Bonsai, der als Meisterwerk einen unschätzbaren Wert besitzt, sollte verständlicherweise von einem Fachmann mit umfassenden Kenntnissen und großem Geschick gepflegt werden. Bei Saikei jedoch arbeitet man mit Bonsai-Jungpflanzen, die sich noch in einem Vorstadium befinden, so daß man also nicht die Angst empfinden muß, daß ein wertvoller Baum zu Schaden kommen könnte, wenn man herumexperimentiert und neue Techniken ausprobiert.

Dieses Buch gibt Anleitungen, die vom Grundsätzlichen, also vom Wie und Wann des Zusammenpflanzens, bis hin zu den fortgeschrittenen Techniken reichen, mit deren Hilfe ein Baum in die schließlich gewünschte Form gebracht werden kann. Die Art und Weise dieser Anleitungen geht dabei über die einfachen Arbeitsanleitungen hinaus; es werden auch Richtlinien zu den wesentlichsten ästhetischen Gesichtspunkten gegeben, nach denen man sich bei der Gestaltung eines guten Saikei richten sollte. Und es werden Tips zu den Fragen, welches die Vorderseite eines Baumes ist, wie die Zweige am besten ausgerichtet werden, wie die Bäume bei einer Gruppenpflanzung zueinander stehen sollten, auf welche Weise sich Felsen und Bäume am geschicktesten kombinieren lassen und zu vielen anderen interessanten Aspekten der Saikei-Gestaltung im einzelnen mit Illustrationen ergänzt. Nebenbei erhält man auch noch wertvolle Hinweise zu praktischen Arbeiten im Garten.

Der Verfasser stellt klar heraus, daß Saikei nicht nur eine neue Art der Pflanzenkultivierung ist, die den Fachmann herausfordern kann, sondern daß es sich auch um eine Kunst handelt, die letztendlich das Feingefühl eines Landschaftsmalers erfordert. Die Gesamtheit wie auch die Einzelheiten eines Arrangements müssen deshalb bei der Zusammenstellung ständig und sorgfältig überdacht werden.

Saikei kann als Stil der Pflanzenkultivierung für manch einen, der sich zu den Bäumen hingezogen fühlt, und der Gefallen an ihrer Pflege und an der Mitbestimmung ihres Wuchses gefunden hat, genauso befriedigend sein wie Bonsai. Saikei bringt dabei schneller ansehnliche Resultate und eröffnet die Möglichkeit zur Verwendung einer größeren Bandbreite von Materialien, die darüber hinaus auch einfacher zu beschaffen sind, als die für Bonsai. Saikei kann für Menschen, die die Pflanzenwelt am liebsten in ihrer natürlichen Umgebung genießen, die sich hingezogen fühlen zu den bezaubernden Arrangements der Natur selbst mit ihren Bäumen, Felsen, Bergen und Quellen, die Möglichkeit schaffen, diese Schönheit im Kleinen nachzuempfinden und sie, sei es nun draußen oder drinnen, dauernd um sich zu haben. Das Gefallen an einer Saikei-Komposition hält für die gesamte Zeitdauer ihres Bestehens an; angefangen bei der Herausforderung, die eine erste Zusammenstellung mit sich bringt, dann die Zufriedenheit bei der Fertigstellung und schließlich das ständige Sich-Erfreuen und die Pflegearbeiten an der Landschaft über all die Jahre ihres Wachstums und ihrer Entwicklung hinweg.

Material und Hilfsmittel

Gehölze

Alle Gehölze mit den nachfolgend aufgestellten Eigenschaften sind für Saikei geeignet:
1. Gehölze mit kleinen und dicht wachsenden Blättern und solche, die von sich aus an die Erscheinung großer Bäume erinnern.
2. Gehölze, die zu jeder Jahreszeit gepflanzt werden können und schnell neue Wurzeln treiben. Vor allem also solche, die in kleinen Gefäßen gewachsen und gut durchwurzelt sind. Solche Bäumchen können leicht mit der anhaftenden Erde aus ihrer Schale genommen werden.
3. Gehölze, die Hitze und Kälte gut vertragen, an schattigen Orten genauso gedeihen wie an sonnigen und deshalb sowohl draußen, als auch im Hause aufgestellt werden dürfen.
4. Gehölze, die eine lange Lebenserwartung haben und das ganze Jahr über attraktiv sind.

Jungpflanzen

Wir kennen drei verschiedene Arten von Jungpflanzen: solche, die man ausgräbt, Stecklingspflanzen und die ganz gezielt aus Samen herangezogenen Jungpflanzen. Die beiden letzten pflanzt man gewöhnlich in Kisten oder direkt in den Erdboden. Im Frühjahr, nach der Frostperiode nimmt man sie heraus und setzt sie in einzelne Töpfe. Beim Herausnehmen werden die zarten Wurzeln sorgfältig zusammengehalten, damit der Ballen nicht auseinanderfällt. Wenn man das Laub ichtig beschneidet, bleiben die Jungpflanzen klein, sind nach sechs bis zwölf Monaten kräftig und als Rohmaterial für Saikei hervorragend geeignet.
Da die meisten Saikei-Arrangements Gruppenpflanzungen sind, hält man die Jungpflanzen am besten in kleinen Gefäßen, aus denen sie mit anderen Jungpflanzen jederzeit herausgenommen und umgepflanzt werden können.

Geeignetes Pflanzenmaterial

• Immergrüne Gehölze
Sicheltanne, die meisten Zypressenarten, Schwarz-, Rot- und Mädchenkiefer, sonstige Tannen, China- und Igelwacholder, Ajanfichte, Japanische Eibe, Japanische Lärche.

• Laubabwerfende Gehölze
Japanische Ulme, Japanischer Fächer- und Dreispitzahorn, Buche, Chinesischer Zürgelbaum, Chinesische Ulme, Lärche, Chinesische Tamariske, Birke, Ginkgo, Eiche.
• Blühende und früchtetragende Gehölze
Japanische Azalee, blühende Japanaprikose, Glyzine, Glockenjasmin, Felsenmispel, Englische Stechpalme, Quitte, Wildapfel, Japanische Kirsche, Japanischer Pfirsich, Goldene Glockenblume, Kamelie, Rose, Japanische Quitte, Gardenie, Rosmarinheide, Lagerstroemie, Feuerdorn, Granatapfelbaum.
• Sonstige Blattpflanzen und Gräser
Mooskraut (Selaginella), verschiedene Orchideen, Thunberg's Spierstrauch, Sumachgewächse, Zwergfarne, Zwergbinse, Wilder Thymian, Efeu.

Baumformen

1. Lehnende Form
Der Stamm des Baumes neigt sich zur einen Seite hin. Diese Form findet man oft an einem Abhang oder an Stellen, die wenig windgeschützt sind. Folgende Arten kommen in der Natur häufig in lehnender Form vor: Kiefern, Fichten, Igelwacholder, Fächerahorn, Buchen, Aprikosen.

2. Streng aufrechte Form
Der Stamm des Baumes steht vollkommen senkrecht. Das erinnert an einen mächtigen Baum in einer weiten Ebene oder im Wald. Diese Form ist typisch für: Sicheltannen, Fichten, Scheinzypressen, Igelwacholder, Schwarz- und Mädchenkiefern, Lärchen, Tannen, Ulmen und Ginkgos.

3. Locker aufrechte Form
Der Stamm ist gewunden. Man denkt dabei an einen alten Baum, der gegen starke Winde und heftige Schneefälle ständig ums Überleben kämpft. Üblich für: Mädchenkiefer, Wacholder, Fichten, Schwarzkiefer, Aprikosen und Glyzinen.

4. Doppelstammform
Zwei Stämme wachsen aus einem einzigen Wurzelsystem. Sie stehen nicht sehr weit voneinander entfernt; ein geringer Abstand zwischen ihnen wirkt besonders gut. Die Forn ist üblich für: Fichten und Mädchenkiefern.

5. Kugelform
Die Hauptäste sind in ihrem Profil rund gehalten und von dichtem Laubwerk umgeben. Der Baum selbst ist nicht kugelig. Die Form erinnert uns an einen großen, alten Baum, der auf fruchtbarem Boden wächst. Üblich für: Scheinzypressen und Chinawacholder.

6. Drillingsstammform
In diesem Fall erscheinen drei Stämme aus einem einzigen Wurzelsystem. Bäume mit mehr als sieben Stämmen werden unter dem Begriff »Mehrfachstämme« zusammengefaßt. Gewöhnlich wählt man dazu eine ungerade Anzahl an Stämmen, weil dadurch ein ausgewogeneres Gesamtbild entsteht.

7. Semi- oder Halbkaskaden
Die Neigung des Stammes ist hier noch stärker ausgeprägt als bei der lehnenden Form. Dargestellt wird ein Baum, der sich über eine Klippe neigt oder an einem steilen Abhang wächst. Üblich für: Schwarz- und Mädchenkiefern, Fichten, Wacholder, Lärchen, Azaleen, Aprikosen, Fächerahorn, Rosen, Efeu, Kirschen, Wildapfelbäume und Felsenmispeln.

8. Kaskadenform
Der Stamm wächst über den Rand des Gefäßes hinab, und nur frische Triebe und Blätter sind nach oben gerichtet. Die Form erinnert an einen Baum, der in einer einsamen Berggegend einen steilen Felsen hinabwächst. Zu den auch für Semikaskaden üblichen Arten kommen: Glyzinen, Chrysanthemen, Granatapfelbäume, Jasmin.

9. Gruppenpflanzungen
Viele Bäume werden hierzu in einer Schale zusammengepflanzt und bilden eine schöne Landschaft. Dies ist eine der grundlegenden Techniken von Saikei, denn Saikei zielt ja gerade darauf ab, jegliche Art von Materialien zu nutzen.

10. Floßform
Der Hauptstamm eines Baumes wird eingegraben, um die Wirkung eines mehrstämmigen Baumes zu erzielen. Üblich für: Mädchenkiefern, Sicheltannen, Fichten, Igelwacholder, Fächerahorn, Dreispitzahorn, Azaleen, Granatapfelbäume, Quitten.

1
2
3
4
5
6
7
8
9
10
11
12
13
14
15

11. Mehrfachstämme
Viele Stämme wachsen aus einem einzigen Wurzelsystem. Obwohl es sich um einen einzelnen Baum handelt, lassen die zahlreichen Stämme den Eindruck eines kleinen Haines entstehen. Da alle Stämme dasselbe Wurzelsystem besitzen, sind ihre Erscheinung und Eigenheiten identisch. Üblich bei: Mädchenkiefern, Sicheltannen, Igelwacholder, Fichten, Dreispitz- und Fächerahorn, Azaleen, Quitten, Englischen Stechpalmen.

12. Wurzelstammform
Diese Form vermittelt das Bild eines Baumes, dessen Stamm und Äste etwa unter einer großen Schneelast – herabgebogen sind und nun direkt den Erdboden berühren. Die Spitzen der Äste zeigen wohl nach oben, aber der Stamm liegt zu einem Großteil flach am Boden und hat die Erscheinung einer freiliegenden Wurzel. Die Wurzelstammform ist eine interessante, aber durchaus natürliche Wuchsform. Man findet sie bei Mädchenkiefern und Fichten.

13. Felsenform
Der Baum ist in diesem Fall direkt auf einen Stein gepflanzt. Der Reiz liegt in der attraktiven Kombination von Stein und Pflanze. Felsenpflanzungen haben eine lange Lebensdauer und werden gewöhnlich auf ein Tablett gesetzt. Üblich für: Mädchenkiefern, Fichten, Wacholder, Sicheltannen, Schwarzkiefern, Ahorn, Jasmin, Azaleen, Felsenmispeln.

14. Gruppen-Felspflanzungen
Viele Bäume wachsen an einem großen Stein. Es handelt sich also um eine Sonderform von normalen Felsenpflanzungen. Je kleiner die Bäume sind, desto weitläufiger erscheint natürlich der Landschaftsausschnitt. So können sogar ein- oder zweijährige Stecklinge Charakterzüge großer Bäume tragen. Gebräuchlich sind alle die für Einzel-Felsenpflanzungen aufgeführten Arten.

15. Erd-Felsen-Kombinationen
Hierbei handelt es sich um Felsenpflanzungen, die mit normaler Pflanzerde in Bonsaischalen gepflanzt werden. Die Wurzeln klammern sich an den Felsen und senken sich dann in die Erde hinab. Solche Bonsai sind leichter zu pflegen, als die anderen Felsenpflanzungen und können eine Landschaft sehr attraktiv machen.

Steine

Nahezu alle Arten von Steinen sind für Saikei geeignet. Man kann sie fast überall sammeln – in den Bergen, an Flußufern, auf einem Feldweg. Steine aus jeglichem Material, mit allen möglichen Formen und in allen Farben sind zu gebrauchen, aber solche mit scharfen Kanten und einer rauhen Oberfläche sind natürlich am ehesten zu verwenden. Für die Zwecke von Saikei unterscheiden wir die Steine nach ihrer Form; die wichtigsten sind hier angeführt.

1. Der Berg-Stein
Dieser Stein steigt langsam und fast elegant zu seinem »Gipfel« hin an. Der untere Teil wird bei der Saikei-Gestaltung eingegraben. Weiße Flecken auf dem Stein sind, wenn vorhanden, besonders interessant, da sie den Eindruck von Schneeflächen hervorrufen.

2. Der Insel-Stein
Das ist ein Stein, der eine einzelne Insel im Ozean darstellt, oder eine kleine Insel, die inmitten eines großen und ruhigen Sees liegt.

3. Der Halbinsel-Stein
Diese Form empfindet den Umriß eines steilen, rundgewaschenen Kliffs am Ende einer Halbinsel nach. Die rechte Seite des Steines sollte mit Erde bedeckt werden, wenn er in eine Saikei-Landschaft einbezogen wird.

1

2

3

4

5

6

7

8

4. Der Gebirgsfluß-Stein
Dargestellt wird ein großer Stein, der auf dem Grunde eines Gebirgsflusses ruht. Weiße Streifen in einem solchen Stein sind sehr wertvoll, weil sie fließendes Wasser andeuten können. Diese Steine werden in Landschaften verwendet, die Ströme enthalten.

5. Der Felsen-Stein
Er hat die Form eines großen Felsens und wird für Landschaften mit Bergen und Wasser bevorzugt. Weiße Flecken sind wieder sehr wertvoll, weil sie einmal rauschende Bäche andeuten können, wenn in einer Berglandschaft aufgestellt, oder aber auch Meereswellen an einer Küste. Felsspalten lassen ein besonders interessantes Bild entstehen.

6. Der Strand-Stein
Das Ziel der Darstellung sind vom Wasser ausgewaschene Steine an einer Küste. Oft pflanzt man links neben den Stein Kiefern, während auf einer freien Fläche rechts weißer Sand ausgestreut wird.

7. Der flache Stein
Dieser Stein besteht aus natürlichen, flachen Schichten. Da seine Form nicht sehr interessant ist, benutzt man ihn am besten als Tablett bei einer Pflanzung.

8. Der Fluß-Stein
Die weißen Flächen auf dem Stein bestehen aus Kalk und deuten schnell fließendes Wasser an. Gern werden diese Steine in Landschaften mit Flüssen oder Strömen einbezogen.

9. Der Hügel-Stein
Ein Stein mit weichen, dezenten Kurven. Bei einem solchen Stein werden gewöhnlich Bäume auf die linke Seite gesetzt, Erde und Moos auf die anderen drei.

10. Der Verschneites-Tal-Stein
Dieser Stein erinnert uns an Berge, die aus einer großen Entfernung betrachtet werden. Gewöhnlich besitzen diese Steine weiße Stellen, die Schnee andeuten können.

11. Der stehende Stein
Er ist, wie der Name schon sagt, senkrecht aufgestellt, wobei wichtig ist, daß der Stand stabil ist. Gebräuchlich für Felsenpflanzungen.

12. Der Tunnel-Stein
Es handelt sich um einen Stein mit tunnelähnlichen Höhlungen. Bei einigen erscheint das wie unterirdische Tunnel, bei anderen wie Aushöhlungen an einer Steilküste.

13. Der Entfernt-liegender-Berg-Stein
Dieser Stein scheint ausgedehnte »Vorberge« zu besitzen; er strahlt das Bild eines weit entfernten Berges aus. In eine Schale mit Wasser gesetzt stellt er eine Insel dar; wenn man um ihn herum aber Moos auslegt, entsteht eine ite Ebene mit einem Berg im Hintergrund. Wenn der Stein wirklich gut ist, kann er für sich schon ein eigenständiges Kunstwerk ausmachen und entsprechend dargeboten werden. In Japan legt man ihn zu diesem Zweck oft auf ein Holzbord.

14. Der terassenförmige Stein
Im Idealfall sieht man in einem solchen Stein eine terassenförmige Hügelkette, die zu einem wunderschönen und friedlichen Hochland gehört.

15. Der Einsamer-Strand-Stein
Er versinnbildlicht einen am Strand herumliegenden, von Wind, Wetter und Wellen bearbeiteten Felsen. Wenn der untere Teil des Steines weiß ist, kann das besonders nützlich sein; denn es sieht dann so aus, als ob er den Wellen besonders stark ausgesetzt ist.

9

10

11

12

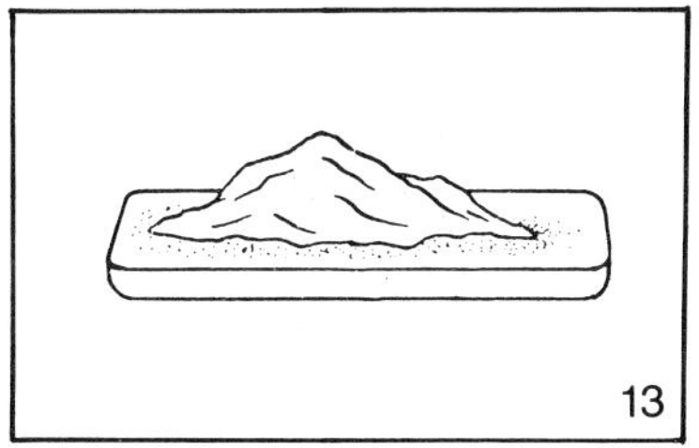
13

14

15

16

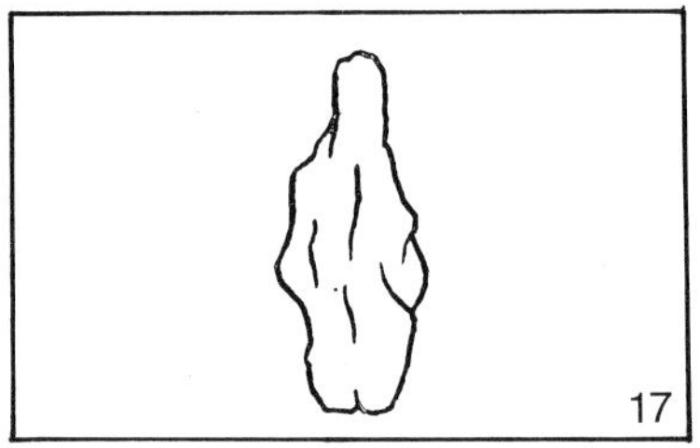

17

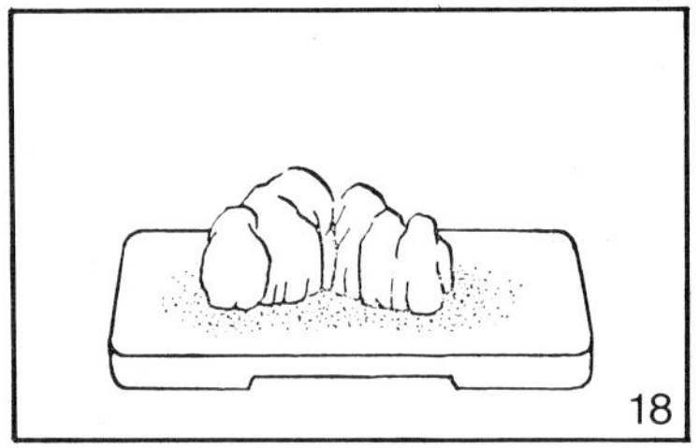

18

19

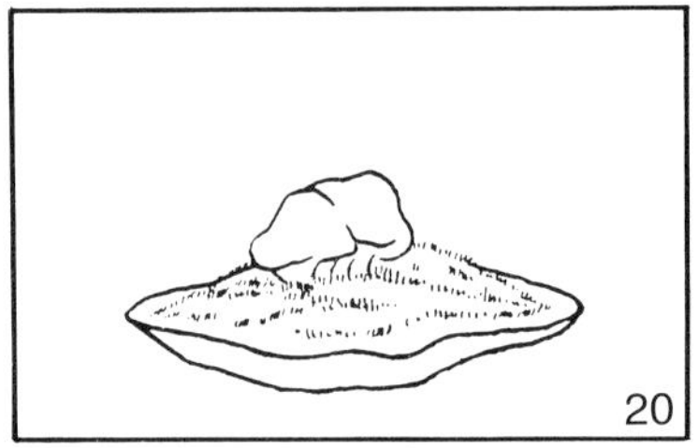

20

21

22

16. Der ansteigende Stein
Der Stein stellt eine weite, endlos erscheinende Ebene dar. Vor allem geeignet, wenn für ein Saikei-Arrangement ein entfernt liegender Berg gebraucht wird.

17. Figuren-Steine
Solche Steine können menschliche Gestalten, Tieren, Vögeln oder Früchten ähneln. Man verwendet sie als unterstreichende Elemente.

18. Der Wasserfall-Stein
Dies ist ein Stein mit mehreren weißen Stellen, man nimmt ihn, um einen Wasserfall zu versinnbildlichen. Je ungewöhnlicher die Form ist, desto interessanter wird dadurch das ganze Arrangement.

19. Der Boot-Stein
Der Stein hat die Form eines Bootes und wird ausschließlich als unterstreichendes Element benutzt.

20. Der hausförmige Stein
Er stellt gewöhnlich ein Landhaus dar und wirkt besonders attraktiv unter einem größeren Baum. Wenn nur der Stein gezeigt werden soll, kann man diesen auf eine Moosschicht setzen und damit »ein ruhig gelegenes Häuschen auf dem Lande« schaffen.

21. Der Wasserbecken-Stein
Im Stein befindet sich eine Mulde die mit Wasser gefüllt wird. So entsteht ein einsamer Bergsee, eine Marschlandschaft, ein Teich oder ein Schmelzwasserbecken in einer Felslandschaft.

22. Dekorations-Steine
Es handelt sich um ganz normale Steine, die man überall finden kann. Für sich allein sind sie nicht sehr reizvoll, können aber positiv zum Gesamtbild einer Landschaft beitragen.

Steinkombination. Zwei Steine (oben und links) werden zu »Insel und Strand«

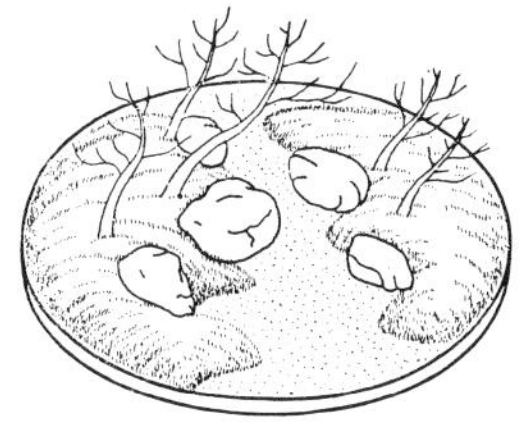

Fünf Steine (oben) stellen einen »Wildbach« dar, wenn sie in dem Arrangement rechts verwendet werden.

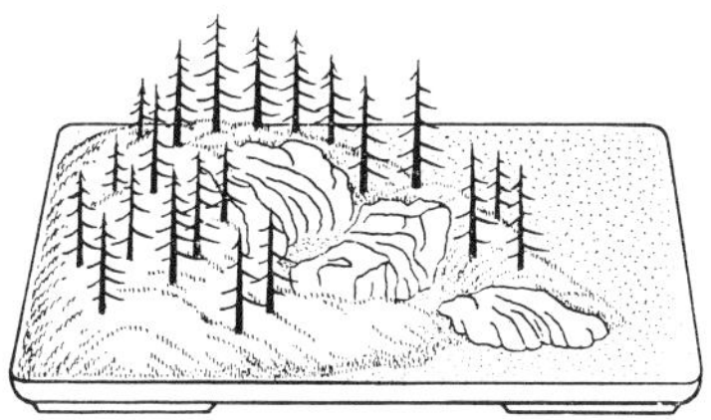

In der Szenerie links werden drei Steine zu einem »Wasserfall mit Gebirgsfluß«.

Die Gruppe von elf Steinen (unten) wird zu der Landschaft »Ruhiger See«.

Gräser

Eine ganze Anzahl von Gräsern sind für die Zwecke von Saikei zu verwenden. Natürlich gibt es eine Reihe von Grundbedingungen für die Eignung, an denen Sie zuverlässig ablesen können, ob eine besondere Art den verschiedenen Ansprüchen genügt.

1. Die Gräser müssen so beschaffen sein, daß sie von Natur aus sehr niedrig sind, und kleine Blätter besitzen, die in Bodennähe wachsen.
2. Die Gräser müssen gut ausgebildete Wurzeln haben.
3. Die Gräser sollen widerstandsfähig sein und auch an schattigen Plätzen wachsen können.

Gräser werden verwendet, um eine Landschaft farbiger und attraktiver zu gestalten. Es ist deshalb sehr wichtig, daß eine Grasart mit dem Hauptbaum in Wuchsform und Farbe harmoniert.

Moos

Es gibt auch viele Moosarten, die für Saikei geeignet sind, wenn sie die folgenden Eigenschaften besitzen:
1. Das Moos muß eine feine Struktur besitzen, hell und leuchtend in der Farbe sein und diese das ganze Jahr über halten.
2. Das Moos muß auch einmel eine Trockenheit überstehen können.
Moos wächst schnell an feuchten und schattigen Plätzen. Moos, das auf einer Steinmauer im Schatten wächst, ist gewöhnlich widerstandsfähiger, als solches, das auf dem Boden wächst. Darüber hinaus ist Moos aus einer Küstengegend oder aus einer Stadt kräftiger als solches von einem ständig mit Nebel umhangenen Berg. Das Stadt-Moos kann aber auch sehr schmutzig und voller Insekten sein; prüfen Sie es also sorgfältig, bevor Sie sich für seine Verwendung entscheiden.
Sammeln Sie das Moos direkt nach einem Regen, indem Sie es mit einem Messer oder einem kleinen Spaten abheben. Nehmen Sie große Stücke auf einmal und dazu immer etwas Erde. Transportieren Sie es flach in einer Schachtel liegend. Zu Hause angekommen legen Sie es in den Schatten und wässern, sobald es trocken zu werden droht, wenn es nicht gleich weiterverwendet werden soll. Immer so gepflegt, wird sich das Moos für einige Monate halten.
Lebermoos, das man oft auf sehr saurem Boden und in Straßengräben finden kann, ist von hellgrüner Farbe, hat flache Mulden im Polster und ist wasserabweisend. Dieser Moostyp breitet sich schnell aus und bedeckt bald die gesamte Deckerde einer Saikei-Zusammenstellung, hält vor allem aber beim Wässern die Feuchtigkeit zurück, so daß diese nicht einsickern kann. Wenn Sie Lebermoos auf einem Ihrer Pflanzgefäße finden, entfernen Sie es also sobald wie möglich und sehr sorgfältig.

Hypnum plumaeforme, Pholia camptotrachera, Bryum argenteum nicht geeignet

Erde

Die ideale Erde für Saikei-Pflanzungen enthält zunächst keinen Dünger und führt die Feuchtigkeit gut ab. Für den Gebrauch sollte sie trocken und krümelig sein. Die Freiräume machen es Wasser und Luft leichter, die Wurzeln zu erreichen. Die Folge davon ist eine gesunde, kräftige Pflanze. Da Dünger oft vollkommen unterschiedlich sind und jede Pflanzenart andere Ansprüche stellt, sollte man am besten mit düngerfreier Erde beginnen und seine Pflanzen entsprechend ihren Bedürfnissen ernähren.

Aufbereitung der Erde

Für Saikei werden drei verschiedene Erdgranulierungen verwendet. Zunächst geben Sie die Erde durch ein grobmaschiges Sieb (ca. 1,5 cm Maschenweite). Sammeln Sie diese gröbste Granulierung und machen Sie dann mit der ausgesiebten, feinkörnigeren das gleiche noch einmal, indem Sie nun eine Maschenweite von ca. 8 mm wählen. Das auf dem Sieb Zurückgebliebene wieder sammeln und einen letzten Vorgang durchführen (Maschenweite nun 3–4 mm). Alles was jetzt noch durch das Sieb fällt, ist für Saikei zu fein; denn eine solche Erde kann nicht ausreichend Wasser abführen. Sie haben jetzt drei verschiedene Erdgranulate.
In Japan gibt es solche gesiebten Erdgranulierungen fertig in Gartenbaubedarfsgeschäften zu kaufen, wir aber müssen uns die Erde selbst aufbereiten. Sehr wichtig ist dabei, um es noch einmal zu sagen, daß die Erde sauber und düngerfrei ist. Erde aus abgelegenen, bergigen Gegenden erscheint normalerweise als ideal, es kann aber genauso gut Erde aus Ihrem eigenen Garten sein. Wo auch immer Sie die Erde sammeln, sollten Sie sie in jedem Fall etwa 10 Tage lang ausbreiten und der Sonne, dem Wind und der kalten Nachtluft aussetzen, um sie zu trocknen.
Auch nach dem Sieben sollten Sie die Erde unbedingt trockenhalten. Feuchte Erde rutscht zunächst nicht von allein in die Freiräume zwischen den Wurzeln. Die beste Erdmischung für jede Pflanze ist natürlich die, in der sie ursprünglich gewachsen ist. Versuchen Sie ihr also in der Zusammenstellung so nahe wie möglich zu kommen. Wenn sich eine ähnliche Erde nicht finden läßt, nimmt man am besten roten Lehm als Hauptbestandteil, der entweder so belassen wird, wie er vorkommt, oder aber mit Kieselsteinen oder grobem Flußsand versetzt wird, wenn man eine bessere Dränage braucht. Wenn der Boden Feuchtigkeit speichern können soll, mischen Sie ihn mit Sphagnum-Moos. Wenn Sie gar keine normale Erde bekommen, ist auch grober Flußsand zulässig, in dem fast jeder Baum wächst. Er sollte nur ein wenig die Feuchtigkeit halten können und sonst gut wasserabführend sein. Vielleicht haben Sie ja als Gartenfreund Ihre bevorzugte Pflanzerde. In fast allen Fällen müßte diese Mischung auch für die Zwecke von Saikei geeignet sein.

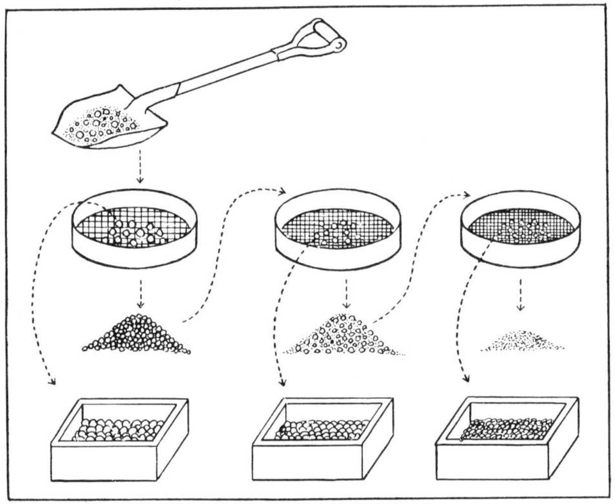

Erdsorten und -bestandteile

Bezeichnung	Charakteristik	Anwendung	Aufbereitung
Roter Lehm	Fest, rötlich-braun, hartgetrocknet	allgemeiner Gebrauch; besonders für japanische Bodenorchideen und auch als unterste Schicht auf dem Schalenboden	auf drei Korngrößen aussieben
Sand-Ton-Gemisch	grau, sandähnlich; kommt dem roten Lehm sehr nahe	Mit rotem Lehm gemischt für Kiefern und Eichen	
Schwarzer Lehm	fest, dunkelbraun, hart getrocknet	allgemeiner Verbrauch; wird oft mit rotem Lehm gemischt und für diverse Arten von Bäumen verwendet	
Helles Ton-Sand-Gemisch	aschenähnlich, hellgelb; wird dunkelgelb wenn es feucht ist. kann viel Feutigkeit absorbieren und halten	für Azaleen, Mooskraut und als unterste Schicht auf dem Schalenboden	Aufbereitung sieben und mit Sphagnum mischen
Flußsand	bräunlich-weiß; kristalline Struktur	Anwendung für Topfboden-Schichten und zur Oberflächendekoration	fein sieben; vor Gebrauch gut sauberwaschen
Meeressand	Sand vom Strand, aus runden Partikeln, blau und schwarz		in Wasser kneten, um eine tonähnliche Mischung zu erzielen
Torf	dunkelbraun, weich und etwas klebrig; hält Feuchtigkeit	für Felspflanzungen	
Sphagnum-Moos	faserig, leicht und blaßgelb; hält Feuchtigkeit	für japanische Bodenorchideen, Azaleen und Pflanzen mit ausgedehntem Wurzelsystem	so verwenden wie es ist oder in kleine Stücke zerhacken

Schmückendes Beiwerk

Bei der Saikei-Gestaltung versuchen wir, natürliche Landschaften nachzuempfinden; es ist deshalb auch zulässig, Figuren von Menschen und Tieren sowie Gebäude mit einzubeziehen. Verwenden Sie solches Beiwerk aber vorsichtig und nur, wenn Sie sicher sein können, daß die Aussage des Arrangements dadurch betont wird. Der Schmuck sollte außerdem klein von der Größe her und auch im Verhältnis zur übrigen Szenerie sein.

Schmückendes Beiwerk für Saikei. Oben eine Szenerie mit einem kleinen Baum und einem Mann auf einem Boot. Unten ein Bauer, der von seinem ländlichen Haus in die Wälder zieht.

Pflanzgefäße

Alle nachfolgend beschriebenen Gefäße sind für Saikei geeignet:
1. Große, flache Gefäße sind ideal, weil sie Ihre Landschaft größer erscheinen lassen.
2. Nehmen Sie kleinere Gefäße, wenn Sie vorhaben, sie gelegentlich in die Wohnung zu holen.
3. Das Gefäß sollte von seiner Form und Farbe her mit dem Gesamteindruck der Zusammenstellung harmonieren.
4. Wählen Sie Gefäße, die leicht, stabil und preisgünstig sind.

Zu den meistverwendeten Gefäßen gehören:
1. Zementschalen: Sie sind oft in Violett- oder Rottönen gefärbt. Sie werden gewöhnlich mit Drahtgittern verstärkt und sind stabil. Zementschalen sind billig und gut für die Jungpflanzenkultur geeignet.
2. Keramikgefäße: Sie können für jede Art von Landschaft verwendet werden und sind vergleichsweise billig. Nehmen Sie am besten für Saikei nur gedeckte Farben, entgegen der Tatsache, daß Keramikschalen manchmal sehr bunt sind.
3. Tokoname-Steingut: Die Tokoname-Brennereien in Japan stellen ein großes Angebot an Gefäßen für Saikei und Bonsai her.
Zur Vorbereitung eines Pflanzgefäßes sollten Sie die folgenden Punkte beachten:

1. Wenn das Gefäß eine gewisse Zeit lang trocken gewesen ist, legen Sie es mindestens 30 Minuten lang ins Wasser, bevor Sie es benutzen.
2. Erdverschmierte und schmutzige Gefäße sollten sorgfältig mit Wasser ausgewaschen werden. Nehmen Sie keinesfalls Seife oder sonstige Reinigungsmittel.
3. Überzeugen Sie sich davon, daß Wasser aus dem Dränageloch im Topfboden entweichen kann.

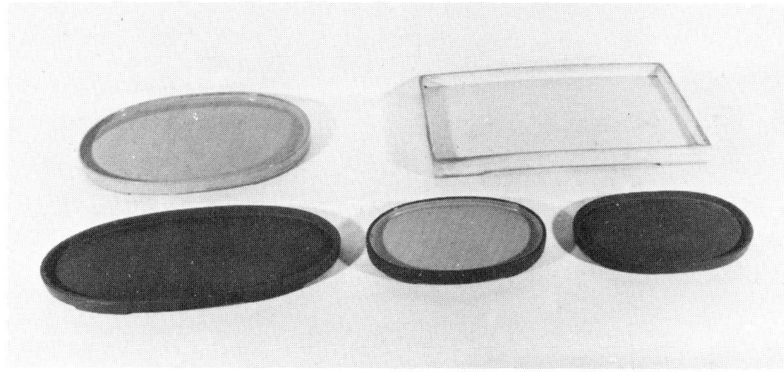

Oben und auf der nächsten Seite einige Abbildungen typischer Saikei-Schalen und -Gefäße. Die oben abgebildeten Schalen sind ursprünglich nicht als Pflanzengefäße gedacht gewesen, eignen sich aber hervorragend dazu, wenn man Dränagelöcher bohrt.

4. Betrachten Sie aufmerksam das Gefäß daraufhin, welches seine schönste Seite ist, damit diese später nach vorn kommt. Versuchen Sie so eine Position zu finden, in der keine Sprünge, abgeschlagenen Stellen oder sonstigen Fehler das Bild des Gefäßes stören.

Andersartige Pflanzgefäße

Gefäße, die aus Hartholz hergestellt und gerne für Gärtchen im Wohnbereich verwendet werden, sind oft hervorragend für Saikei geeignet. Wenn Sie die Außenseite über einer offenen Flamme erhitzen und hinterher das Holz abwaschen, tritt die Maserung besonders klar hervor. Wenn Sie dann noch ein Konservierungsmittel auftragen, bevor gepflanzt wird, haben Sie eine schöne Schale, die 5 Jahre oder länger benutzt werden kann, bevor die Korrosion einsetzt. Sie sollten übrigens den Boden des Gefäßes verstärken, wenn die Pflanzung groß und schwer werden soll.

Die Gefäße besitzen Formen, die oft für Saikei verwendet werden.

Diese Gefäße sind etwas tiefer.

Das Bild zeigt deutlich die Anordnung der Wasserabzugslöcher bei großen Schalen.

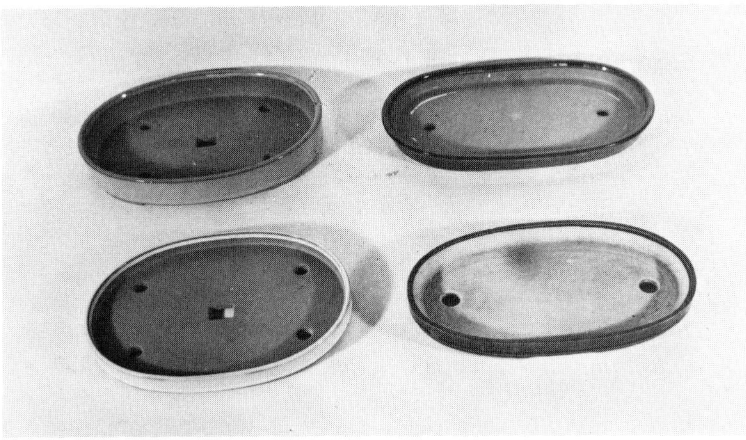

Gefäße mit ungewöhnlichen Formen. Beachten Sie die Unterteilungen in den Gefäßen, die es erlauben, Seelandschaften zu gestalten.

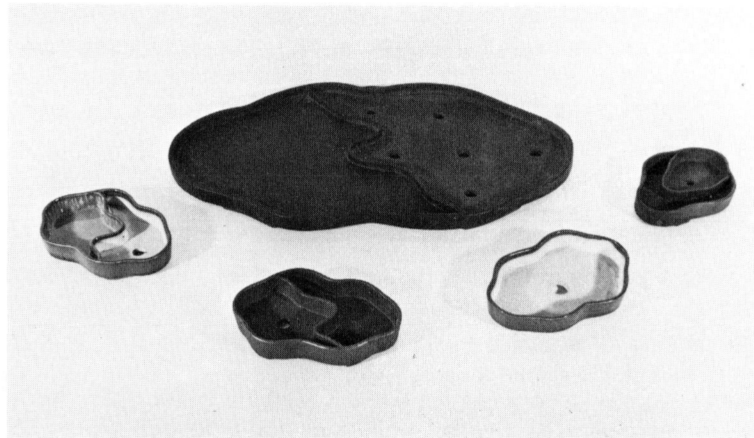

Pflanzung der Bäume

Wenn man einen Baum pflanzen will, ist es zunächst einmal nötig, die Vorder- und Rückseite zu bestimmen. Bäume besitzen natürlich viele Formbestandteile, aber zur Bestimmung der Vorderseite eines Baumes betrachten wir drei dieser Faktoren: den Stamm, die Äste und die Wurzeln.

Bestimmung von Vorder- und Rückseite

Die entscheidenden Punkte

1. Da Triebe, Blätter, Blüten und Früchte über einen gewissen Zeitraum hinweg oft ihre Form ändern, können wir sie nicht beachten, sondern müssen uns auf dauerhafte Charakteristika konzentrieren, wie auf den Stamm und die Äste. Wenn Sie sich für eine Seite entschieden haben, von der Sie glauben, daß sie zur Betrachtung des Stammes und der Äste die schönste ist, haben Sie wahrscheinlich die Vorderseite Ihres Bäumchens gefunden. Schritt für Schritt können Sie dann mit Hilfe des Beschneidens und Drahtens versuchen, ihn zu verbessern und attraktiver zu machen.
2. Sie müssen natürlich auch berücksichtigen, daß ein Baum sowohl starke, als auch schwache Seiten hat. Wägen Sie diese ab und entscheiden Sie sich wiederum für eine »Schokoladenseite«.
3. Jetzt müssen Sie sich noch Gedanken darüber machen, welche Baumseite die meiste Ausgewogenheit und Tiefe besitzt. Sie werden es sehr schnell über haben, einen Baum zu betrachten, der nicht ausgewogen erscheint, selbst wenn Stamm und Äste allein wohl schön sind. Hier die vier Elemente der Ausgewogenheit: Stabilität, Harmonie, Einheit und Vielfalt. Wenn diese vier Formkriterien zusammenkommen, können wir eine ebenmäßige Schönheit erreichen. Außerdem ist es für einen Baum noch entscheidend, ob er eine gewisse Tiefe hat – ein Grundsatz, der immer in Betracht gezogen werden muß, ohne Rücksicht auf den Charakter der Form.

Es werden nun die entscheidenden Punkte erörtert, die zur Frage der Vorder- und Rückseite von Bäumen in den verschiedenen Stilrichtungen maßgeblich sind. Die Stilrichtungen sind streng aufrecht, lehnend, Mehrfachstämme und Gruppenpflanzungen.

Streng aufrechte Form

Kriterien zur Bestimmung der Vorderseite

- Stamm: Der Stamm ist dick an seinem Fuße und verjüngt sich harmonisch zu seiner Spitze hin; er zeigt im Ganzen ein schönes Bild. Ein Baum, der sich optimal zuspitzt, hat eine harmonische Form und eine stabile Erscheinung.
- Äste: Wenn Sie den Baum von der Frontseite betrachten, erstrekken sich die Äste zu den Seiten hin und unter einem gewissen Winkel auch nach vorne (nicht aber direkt nach vorne). Die Äste, die zur Seite wachsen, sollten besonders schön sein, während die nach vorne hin wachsenden im wesentlichen dem Stamm eine gewisse Tiefenwirkung und Dimension geben sollen. Zudem müssen wir noch den Stamm unterhalb des untersten Astes betrachten. Wie schon erwähnt, darf kein Ast direkt auf den Betrachter zu wachsen, weil er die Sicht versperren würde. Weiterhin müssen die Stellung, die Abstände, Ausrichtung, Stärke und Länge der Äste gut abgestimmt sein. Daneben sind folgende nach vorne hin wachsende Äste wertvoll: dünne Äste, Äste, die in den oberen zwei Dritteln dem Stamm entspringen, oder kurze Äste, die in der Nähe des Stammes dicht belaubt sind. Diese verstecken nicht den Stamm, sondern steigern eher noch die Schönheit des Baumes.

Streng aufrecht, Vorderseite

Streng aufrecht, Rückseite

- Wurzeln: Wählen Sie die Seite aus, auf der die Wurzeln dick und fest erscheinen. Das heißt, die Wurzeln sollten an der Vorderseite fest in die Erde greifen und so das Gefühl von Stabilität schaffen.
- Die Vorderseite sollte also die sein, von der der Stamm und die Äste am besten betrachtet werden können und gleichzeitig angenehm ausgewogen erscheinen. Wenn es sich um einen Sämling handelt, wird dieser noch keine tiefgehenden Wurzeln besitzen, so daß Sie sich darum nicht zu kümmern brauchen.

Kriterien zur Bestimmung der Rückseite
- Stamm: Die Seite des Stammes, die am Fuße nicht so stattlich erscheint, oder in der Mitte Krümmungen oder Mißgestaltungen aufweist.
- Äste: Wenn zahlreiche Äste in Richtung des Topfrandes zeigen und nicht sehr anmutig erscheinen wollen, oder wenn Äste direkt auf den Topfrand zu wachsen und damit die Sicht auf den Stamm verdecken.
- Wurzeln: Die Wurzeln sind optisch nicht gut verteilt, der Baum sieht eher aus wie ein in den Boden gesteckter Stock und wirkt unstabil.
- Es sollte also die Seite zur Rückseite bestimmt werden, auf der die Äste zwar dick und schön sind, auf der aber keine Ausgewogenheit zwischen Stamm und Ästen und keine Wurzelstabilität besteht.

Lehnende Form

Kriterien zur Bestimmung der Vorderseite
Es ist einleuchtend, daß sich der Baum in einem gewissen Maße zur Rechten oder zur Linken neigen muß, und Sie müssen entscheiden, welche Ausrichtung die Tiefe der Krone am besten betonen kann.
- Stamm: Die Neigung soll merkbar sein, aber der Stamm muß natürlich und stabil erscheinen. Sowohl beim lehnenden, als auch beim streng aufrechten Stil muß der Baum bei einer Biegung im Stamm so eingetopft werden, daß sie zur rechten oder linken Seite geht, wobei die genaue Ausrichtung noch vom Stamm abhängt. Sie müssen die Ansicht wählen, die die stabilste zu sein scheint.
- Äste und Wurzeln: Hier gelten die gleichen Überlegungen wie beim streng aufrechten Stil.
- Es kann also die Seite als Vorderseite angesehen werden, die so geformt ist, daß die Ansicht des Stammes und der Äste ausgewogen erscheint, attraktiv, stabil und mit perspektivischer Tiefe.

Kriterien zur Bestimmung der Rückseite
- Stamm: Entscheidet sich mehr oder weniger von selbst, da Sie sich auf die Bestimmung der Vorderseite konzentrieren müssen.

Lehnende Form, Vorderseite

Lehnende Form, Rückseite

- Äste und Wurzeln: Es gilt dasselbe, wie auch für den streng aufrechten Stil.
- Es sollte also diejenige Seite eines Baumes im geneigten Stil als Rückseite gewählt werden, auf der er zu kippen scheint, auf der er keine Tiefe besitzt und wo Stamm, Äste und Wurzeln ein ausgewogenes Gleichgewicht vermissen lassen.

Mehrfachstämme

Kriterien zur Bestimmung der Vorderseite

Wenn sich die Stämme in verschiedene Richtungen neigen, sollten Sie versuchen, die Seite zu finden, auf der der Hauptstamm sich nach vorn neigt und so den Eindruck von Tiefe schafft.

- Stämme: Der Hauptstamm sollte zur Vorderseite hin gelehnt stehen, die anderen zu den Seiten oder nach hinten. Indem die dünneren Stämme im Hintergrund stehen, läßt sich eine Tiefenwirkung erzielen. Außerdem ist es wichtig, die Ausrichtung der Stämme abzuwägen, um letztendlich wechselnde Abstände zwischen ihnen zu haben, und damit sie sich nicht kreuzen.
- Äste und Wurzeln: Es gilt wieder das gleiche wie für den streng aufrechten Stil.
- Der Hauptstamm sollte sich also vorwärts neigen und stattlich erscheinen. Die anderen Stämme müssen ebenfalls harmonisch ausgerichtet sein. Sowohl die Freiräume zwischen den Stämmen, als auch ihre Formen müssen ausgewogen und natürlich empfunden werden können, so daß an ihrem Fuße Stabilität entsteht.

Mehrfachstamm, Vorderseite

Mehrfachstamm, Rückseite

Gruppenpflanzung, Vorderseite

Kriterien zur Bestimmung der Rückseite

- Stämme: Der Hauptstamm neigt sich nach hinten, und da dünnere Stämmchen im Vordergrund wachsen, kann keine Tiefenwirkung entstehen. Die Stämme kreuzen einander und verhindern die Sicht auf den Hauptstamm.
- Äste und Wurzeln: Es gilt hier das gleiche wie für den streng aufrechten Stil.
- Es bietet sich also diejenige Seite als Rückseite an, von der aus der Hauptstamm verdeckt ist und sich nach hinten neigt, von wo aus weiterhin die Ausrichtung der anderen Stämme wegen Überkreuzungen, mangelnder Stabilität und im Ganzen fehlender Harmonie ungünstig erscheint.

Gruppenpflanzungen

Kriterien zur Bestimmung der Vorderseite

- Wenn es auch unterschiedliche Baumgrößen gibt – groß und klein, lang und kurz – es sollte die Seite nach vorne genommen werden, von der aus sich eine Tiefenwirkung ergibt. Mit anderen Worten, dünne und kleine Pflanzen sollten im Rücken des Mutterbaumes stehen. Der Hauptbaum darf nicht die Sicht auf die anderen versperren, diese aber müssen gleichfalls harmonisch angeordnet stehen.

Gruppenpflanzung, Rückseite

Kriterien zur Bestimmung der Rückseite

- Dünne und kleine Bäume stehen im Vordergrund mit dicken und hohen Pflanzen dahinter, so daß eine Tiefenwirkung fehlt. Der Hauptbaum befindet sich auf der Rückseite.

Die Form des Stammes zur Geltung bringen

Bäume wie Sicheltannen, Japanische Scheinzypressen und Japanische Ulmen eignen sich nur für den streng aufrechten Stil. Sie werden so gepflanzt, daß der Stamm gerade erscheint. Bei anderen Bäumen jedoch, vor allem bei Jungpflanzen und Sämlingen (die sich noch in ihrer natürlichen Form befinden, also noch nicht von Menschenhand verändert wurden), ist anfangs die Frage entscheidend, wie sie stehen sollen, bevor die Vorderseite bestimmt wird.
Deshalb müssen wir bei der Bestimmung der Vorderseite zunächst einmal die vielversprechendste Ansicht durch Drehen und Begutachten der Pflanze herausfinden, um dann die Idealform des Stammes festlegen zu können.
Dann prüfen wir die Äste. Wenn wir eine gute Perspektive wählen, können wir sogar gleichzeitig jeweils einen Teil der Wurzeln begutachten. Bei einem Sämling jedoch haben sich dicke Wurzelansätze, die man freilegen könnte, noch nicht entwickelt. Wenn der Stamm an seinem Fuße gekrümmt ist, würde ein streng aufrechtes Einpflanzen unschön angewinkelte Äste des betreffenden Baumes zur Folge haben (1). Drehen Sie in diesem Fall den Baum um 180°, und lehnen

3

4

5

6

Sie den Stamm leicht nach links. Die unerwünschte Biegung verschwindet, die Windung des Stammes wird interessant und die Ausrichtung der Äste ist ebenfalls befriedigend. Der ganze Baum hat einen eigenen Charakter angenommen (2).
Wenn sich eine Biegung oder ein Knick im unteren Bereich des Stammes befindet, und der obere Teil gleichzeitig gerade ist (3), versuchen Sie es damit, den Stamm um 180° nach rechts zu drehen und den Baum nach links zu lehnen. Die Form des Stammes wird anmutig und das Arrangement der Zweige ebenfalls attraktiv (4).
Wenn die Abwinkelung des Stammes und die Art und Weise, wie er steht, nicht befriedigend ist (5), lehnen Sie ihn ein wenig nach rechts, wodurch Sie eine harmonische Form erreichen (6).
Wenn die Form des Fußes und die Biegung des Stammes im oberen Bereich nicht zufriedenstellend ist (7), drehen Sie den Baum leicht nach rechts und neigen ihn in die gleiche Richtung. Die Form und die Biegung bekommen so einen weicheren Charakter (8).

7

8

Ausrichtung des Baumes und Position im Gefäß

Als nächstes ist es notwendig, die Ausrichtung des Baumes und seine Position innerhalb des Gefäßes festzulegen.

Ausrichtung des Baumes

Wenn wir naturgewachsene Bäume beobachten, sind diese zu einer Seite immer ein wenig üppiger, abhängig davon, wo sie wachsen. Einige streben einer sonnigen Stelle zu, andere werden von permanenten Winden gebogen, wieder andere wachsen zum Wasser hin oder neigen sich an einem Hang.

Bevor wir einen Baum in ein Gefäß pflanzen, müssen wir deshalb – von vorne gesehen – seine Wuchsausrichtung bestimmen. Diese ist die Grundlage zur Festlegung der Position im Gefäß. Die allererste Regel bei der Kunst des Bemühens um das Herausstellen einer »Naturessenz« und um das geschickte Nachempfinden im Kleinen innerhalb eines Gefäßes besteht darin, nicht das Wesen der Natur zu verletzen.

Beim Überprüfen der Ausrichtung eines Baumes sollten Sie sich nicht durch den momentanen Zustand irritieren lassen, wie etwa das Ausrichten der Blätter zur Sonne. Sie müssen immer von der Grundform des Baumes ausgehen.

Wie man die Ausrichtung eines Baumes festlegt

- Streng aufrechte Form: Wenn von vorn betrachtet die Äste zu einer Seite hin etwas länger wachsen, sollte auch gleichzeitig der Baum ganz leicht in diese Richtung geneigt stehen.
- Geneigte Form: Die Ausrichtung wird durch die Neigung des Stammes bestimmt. Wenn sich der Stamm etwas windet, ist der obere Teil entscheidend.
- Gruppenpflanzungen und Mehrfachstämme: Die Ausrichtung resultiert aus der Neigungsrichtung, die die ganze Gruppe zu haben scheint.

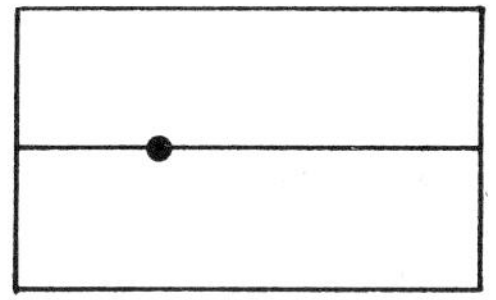

Stabil

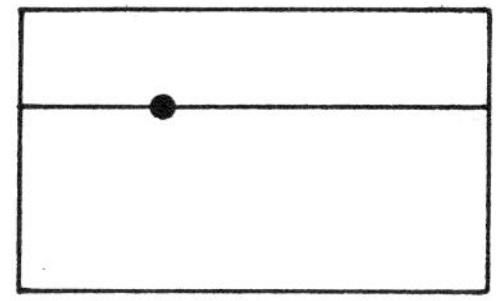

Unstabil

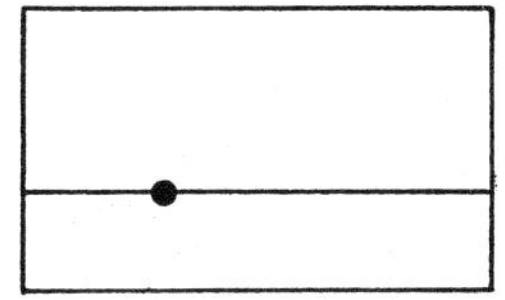

Unstabil

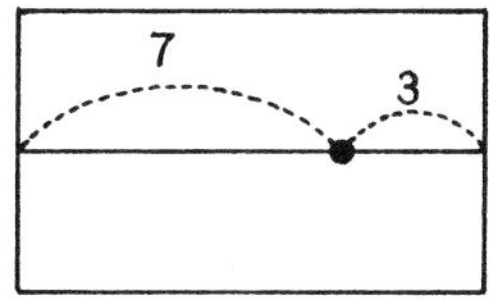

Gute Raumaufteilung

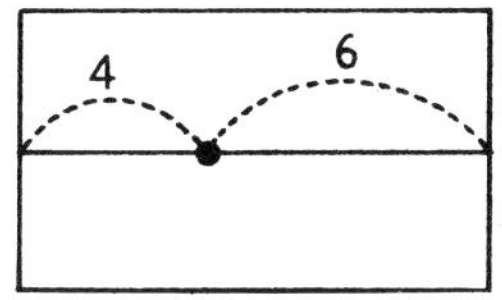

Gute Raumaufteilung

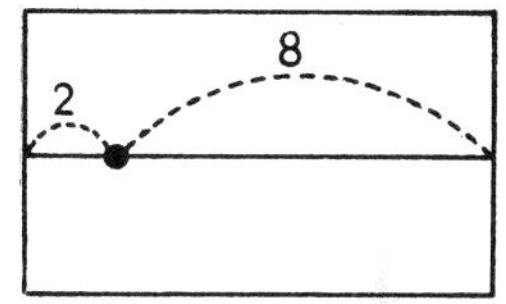

Schlechte Raumaufteilung

Position innerhalb des Gefäßes

Erst nachdem wir die Vorderseite und die Ausrichtung des Baumes bestimmt haben, können wir ihn auf seine richtige Position im Gefäß setzen.

Von der Vorderseite betrachtet sollte der Baum so plaziert werden, daß er eine gewisse Stabilität erhält und in einem harmonischen Einklang mit dem Gefäß steht.

Zunächst einmal hat der Standort des Fußes auf der gedachten Mittellinie zu liegen (siehe Zeichnung). Wenn sich der Baum jedoch zu sehr nach vorn lehnt oder seine Äste allzu weit auf den Betrachter zuwachsen, können Sie ihn leicht nach hinten versetzen. Gewöhnlich jedoch pflanzt man die Bäume entlang der Mittellinie.

Als nächstes bestimmen wir die Stellung des Baumes auf dieser Mittellinie. Wenn der Stamm nach rechts tendiert, sollten Sie ihn etwas links neben den Mittelpunkt setzen, so daß rechts mehr Platz bleibt. Umgekehrt stehen nach links ausgerichtete Bäume immer etwas rechts von der Mitte. Das Verhältnis zwischen rechts und links sollte im Normalfall 7:3 oder 6:4 sein. Wenn der Stamm zu nahe am Rande des Gefäßes plaziert ist, entsteht ein unstabiler Eindruck. Diese Gefahr besteht nicht, wenn sich der Fuß etwa in der Mitte befindet, und das Verhältnis rechts/links ungefähr gleich ist. Die gleichen Grundsätze sollten auch für Gruppen- und Felsenpflanzungen berücksichtigt werden. Wir werden das an anderer Stelle noch eingehend behandeln.

Streng aufrechte Form

Zunächst einmal betrachten wir die Vorderseite des Stammes. Da er nicht geneigt steht, müssen wir uns die Äste ansehen. Auf der rechten Seite sind diese etwas länger als auf der linken, wir stellen also fest, daß der Baum nach rechts tendiert (1). Indem wir die Länge der Äste berücksichtigen und rechts etwas mehr Freiraum lassen, er -hält der Baum die richtige Position (links : rechts = 4:6, Vorder -seiten : Rückseite = 1:1, gezeigt am Beispiel einer Sicheltanne)

Lehnende Form

Von vorne gesehen ist die Seite, zu der der Baum sich lehnt, als die Ausrichtung oder Tendenz zu verstehen (2). Bei der lehnenden Form treffen wir unsere Entscheidung zur Position nicht an Hand der Astlänge, sondern über die Neigung des Stammes. Die Position wird ansonsten genauso bestimmt, wie schon gezeigt (links : rechts = 4:6, Vorderseite : Rückseite = 1:1, gezeigt am Beispiel einer Kiefer)

Locker aufrechte Form

Wenn der Stamm gewunden ist und die Äste schräg stehen, ist der Baum zu der Seite ausgerichtet, zu der er im Ganzen lehnt (3). Außerdem kann ein geneigter Baum ein wenig hinter die Mitte ver-

1

2

3

4

5

6

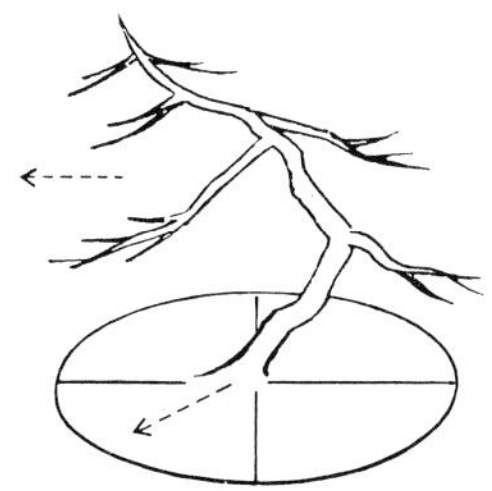

setzt (4) werden (links : rechts = 3 : 7, Vorderseite : Rückseite = leicht nach hinten versetzt, gezeigt am Beispiel eines Japanischen Ahorns.)
Wie in der Zeichnung dargestellt, soll bei einem lehnenden Stamm auch die Wuchsrichtung der Spitze seine Ausrichtung bestimmen.

Gruppenpflanzungen

Sehen Sie sich die Baumgruppe als Ganzes an. Die Neigung des Hauptstammes sollte für die Ausrichtung der Gruppe geltend gemacht werden (5).
Bei der Bestimmung der Position behandeln Sie die gesamte Gruppe wie einen einzelnen Baum. Ohne Berücksichtigung der Zahl der Stämme und der Fußdicken sollte die Gruppe leicht nach links versetzt stehen, wenn sie nach rechts tendiert und umgekehrt. Die Stammgruppe sollte von vorne nach hinten hin zentriert werden, Sie können aber auch einen kleinen Ausgleich vornehmen, wenn die Anordnung der Äste oder die Wuchstendenz einiger kleinerer Stämme von der Seite gesehen versetzt (6) erscheint (links : rechts = 4 : 6, Vorderseite : Rückseite = 1 : 1, gezeigt am Beispiel einer Kleinblättrigen Scheinzypresse).
Die einfachsten Gruppenpflanzungen und Steinarrangements werden mit zwei Bäumen, bzw. zwei Steinen hergestellt, aber man kann die Zahl auch erheblich steigern. Wie umfangreich auch immer die Pflanzung ist, Sie sollten gewisse Regeln beachten, um eine schöne Komposition zu erreichen. Es ist daher empfehlenswert, wiederholt die grundlegenden Praktiken der Gruppenpflanzung und des Steinarrangements zu üben, so, wie sie unten erklärt sind. Ungeachtet des Materials, das Ihnen zur Verfügung steht, können Sie immer eine gestalterische Schönheit erreichen, die Stabilität, Harmonie, Einheit, Variation, Räumlichkeit und Tiefe ausdrückt, wenn Sie die Grundregeln befolgen.

Elemente der Gruppenpflanzung (und des Steinarrangements)

Anzahl der Bäume (Steine)
Die kleinste Anzahl von anzuordnenden Bäumen oder Steinen ist 2. Wenn es sich um größere Zahlen, vor allem bis 9 handelt, dürfen ausschließlich ungerade Anzahlen verwendet werden, um ein abwechslungsreiches Bild schaffen zu können. Auch wenn es sich um höhere Zahlen als 9 handelt, sind ungerade dennoch vorzuziehen, zulässig sind aber auch gerade, da bei großen Anzahlen der Gesamteindruck ohnehin interessanter wird.

Art des verwendeten Pflanzenmaterials
Normalerweise wird für eine Gruppenpflanzung nur eine Baumart verwendet. Die Wirkung ist angenehmer, einheitlicher und die Pflege einfacher. Natürlich können Sie mit steigendem Können auch verschiedene Baumarten verwenden und ganz frei die unterschiedlichsten Szenerien der Natur nachempfinden. Wenn Sie das aber tun, sollten Sie das Stück Natur auch auf natürliche Art und Weise wiedergeben und sich über mögliche Probleme bei der Erhaltung und Pflege bewußt sein.

Form der Bäume
Die verwendeten Bäume sollten sich untereinander in der Form ähneln, um eine gewisse Harmonie zu erreichen. Später können Sie dann vielleicht auch einmal streng aufrechte und geneigt stehende Bäume gleichzeitig verwenden.

Dicke der Bäume
Die einzelnen Bäume sollten immer unterschiedliche Dicken aufweisen. Wenn das nicht der Fall ist, fehlt die Abwechslung, und Sie werden Schwierigkeiten haben, einen Eindruck von Distanz zu erzeugen.

Größe der Bäume
Sie sollten Bäume verwenden, die unterschiedlich hoch sind. Je deutlicher die Größenunterschiede sind, desto interessanter wird das Gesamtbild. Wenn die Höhe bei allen Bäumen gleich ist, können Sie einen Ausgleich durch das Aufschütten eines Hügels erreichen.

Der Pflanzvorgang

Vorderseite
Alle Bäume sollten sich irgendwie ähneln. Orientieren Sie sich am größten Baum und richten Sie die anderen nach ihm aus, so daß eine gewisse Harmonie entsteht. Ganz ohne Bestimmung der Vorderseite eines Einzelbaumes sollten Sie vor allem die beste Gesamtansicht herausfinden, und zwar immer in Hinblick auf den größten, den Hauptbaum.

Gesamtausrichtung
Auch bezüglich der Ausrichtung müssen die Bäume aufeinander abgestimmt werden. Die Formen der Stämme und Äste müssen dem Vorbild des Hauptbaumes angeglichen sein.

Neigung der einzelnen Bäume
Jeder Baum sollte anders stehen. Wenn es sich um lauter lehnende Formen handelt, muß die Neigung der einzelnen Bäume immer unterschiedlich ausgeprägt sein, um für die wichtige Abwechslung zu sorgen.

Pflanzposition innerhalb des Gefäßes
Legen Sie die Position der Gruppe als Ganzes fest, und zwar nach dem gleichen Prinzip wie bei einem einzelnen Baum. Von der Seite gesehen, dürfen die Pflanzen nicht schnurgerade in Reihen angeordnet erscheinen.

Abstände

Die Abstände zwischen den Bäumen sollten unregelmäßig groß sein. Wann immer mehr als 3 Stück vorhanden sind, müssen die Abstände zwischen den Stämmen verschieden sein; eine gedachte Verbindungslinie zwischen 3 beliebigen Stämmen darf immer nur ein unregelmäßiges Dreieck ergeben.

Streng aufrechte Formen ...

... dicht pflanzen

Bestimmen Sie zunächst die Vorderseite und die Ausrichtung von Baum 1 (siehe Zeichnung) und setzen Sie ihn an die richtige Stelle. Bei Baum 2 ist die Vorderseite nicht so entscheidend; versuchen Sie vielmehr, seine Grundform hinsichtlich des Stammes und der Äste harmonisch mit der von Baum 1 in Einklang zu bringen. Dann sollten Sie versuchen, die Äste, die mit denen von Baum 1 in Berührung kommen, so in ihrer Wuchsrichtung zu korrigieren, daß sie sich gut einfügen und daß eventuell sogar mögliche Schwachstellen im Astwerk von beiden Bäumen gegenseitig kaschiert werden. Baum 3 kann auf die gleiche Art gepflanzt werden, aber so, daß die Abstände zwischen 1, 2 und 3 nicht die gleichen sind. Weiterhin dürfen die Stämme von der Seite gesehen nicht in einer geraden Linie stehen, sondern müssen, wie schon gesagt, ein Dreieck bilden. Pflanzen Sie die Bäume 2 und 3 etwas nach hinten versetzt, um eine gewisse Tiefe zu erreichen. Gelegentlich kann man auch 2 vor 1 stellen; alles in allem ist es aber am besten, Baum 1, 2 und 3 in Nah-, Mittel- und Fern-Position zu arrangieren, und zwar in genau dieser Reihenfolge.

Nun korrigieren wir die Pflanzposition der Gruppe als Ganzes, um den vorhandenen Raum angemessen auszufüllen. Die Ausrichtung der Gruppe richtet sich aber ganz nach Baum 1; wir müssen also mehr Freiraum an der Schalenseite kalkulieren, zu der er vom Wuchs her tendiert. Um die Ausrichtung der Bäume 2 und 3 brauchen wir uns nicht zu kümmern, wenn sie sehr nahe beieinander stehen.

Auch der Freiraum vor und hinter der Gruppe sollte der gleiche sein. Wie im Schaubild gezeigt, sind die Strecken a, nämlich die kürzeste Verbindung zwischen Topfrand und Stamm, genau gleich lang.

Sie erhalten natürlich um so mehr freien Umrandungsraum und damit auch Raffinesse, je dichter Sie die Stämme zusammenpflanzen. Gleichzeitig aber müssen Sie dabei eine Menge Wurzelfilz geschickt verteilen oder auch beschneiden, so daß Sie das eigentlich nur versuchen sollten, wenn tatsächlich genau der richtige Zeitpunkt zum Umtopfen da ist, oder wenn Sie mit dieser Art von Arbeit wirklich vertraut sind.

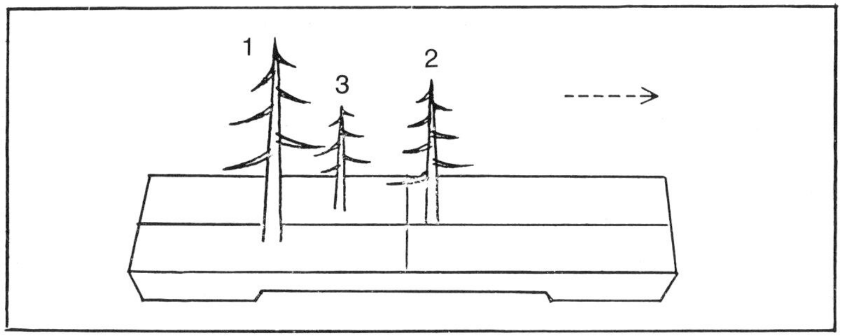

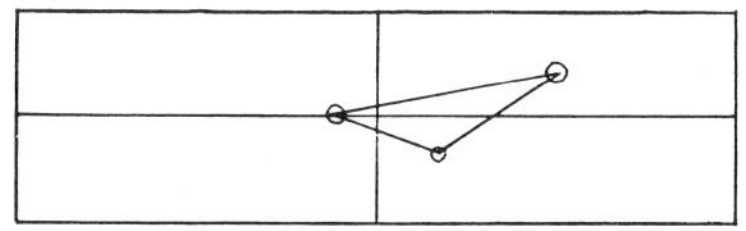

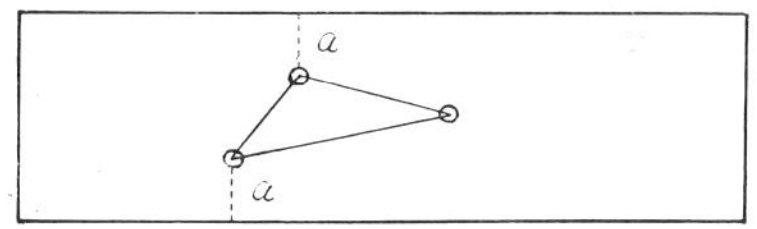

... mit Abstand pflanzen

Diese Pflanzmethode erzielt eine gute Tiefenwirkung. Wenn die Bäume relativ weit auseinander stehen, ist das Einpflanzen und die spätere Pflege sehr einfach.

Die Vorderseite und die Ausrichtung von Baum 2 und 3 sollte mit der von Baum 1 harmonisch in Einklang stehen. Kennzeichnend bei dieser Methode ist es, die Bäume 1 und 2 ein wenig dichter zusammenzubringen, während Baum 3 mehr oder weniger entfernt davon plaziert wird (7).

. . . mit Tiefenwirkung in der Schalenmitte

Bei dieser Pflanzmethode gestalten Sie Berge, Flüsse, Täler und so fort in der Schalenmitte. Die Abstände zwischen dem Schalenrand und den Bäumen 1 und 2 können durchaus gleich sein, Baum 3 aber wird ein wenig näher an entweder 1 oder 2 herangepflanzt. Weiterhin dürfen die Pflanzen nicht in einer geraden Reihe stehen, wenn man das Ganze von der Seite betrachtet (8). Dies ist nur ein Beispiel zur Anordnung. Achten Sie beim Befolgen dieses Pflanzprinzips stets darauf, daß jeder Baum an der Stelle steht, wo er am besten aussieht.

Lehnende Formen . . .

Allgemein ist die Methode, lehnende Bäume zu pflanzen die gleiche wie beim streng aufrechten Stil. Dennoch sollten Sie sich ein wenig mit der Einheitlichkeit, der Neigung und der Ausrichtung der Stämme beschäftigen.

. . . dicht pflanzen

Bestimmen Sie zunächst die Vorderseite und Ausrichtung von Baum 1 und setzen Sie ihn an seinen vorläufig festgelegten Standort. Als nächstes neigen Sie Baum 2 so, daß die Form mit der von Baum 1 harmoniert und geben ihm ebenfalls einen vorläufigen Standort. Verschieben und verdrehen Sie nun Baum 2 solange in seiner Position, bis der Umriß seines Stammes optimal mit dem von Baum 1 einhergeht. Dabei sollten die Hauptäste, wenn möglich, vom Stamm des ersten Baumes wegzeigen. Wenn Sie eine solche Ansicht finden

können, nehmen Sie sie als Vorderseite. Ohne den Umriß und das Bild der Vorderseite zu zerstören, bringen Sie nun bei jedem einzelnen Baum eine andere Neigung und Wuchsrichtung in dessen Spitze. Achten Sie darauf, daß Baum 1 nach vorn gelehnt steht und daß die Stämme sich nicht überkreuzen, wenn man sie von der Seite des Gefäßes betrachtet. Baum 3 wird auf die gleiche Art und Weise plaziert, wobei aber darauf zu achten ist, daß diesmal etwas mehr Abstand gelassen wird (Zeichnung a).
Die Stämme sollten von der Form ihres Fußes her zueinander passen (nicht aber unbedingt ein Stück parallel laufen) und jeder sollte für sich in eine andere Richtung wachsen. Wenn Sie alle Bäume in dieselbe Richtung lehnen, sieht das so aus, als ob sie einem starken Wind ausgesetzt sind. In der Zeichnung b scheint der Bogen im oberen Teil des Stammes von Baum 2 die Spannungsenergie aufzufangen, die der untere Teil ausstrahlt. (Das tun auch die Stämme von 1 und 3). So etwas bringt einen interessanten Gesamteindruck und vermittelt den Eindruck von Stabilität (9).

... mit Abstand pflanzen

Wenn Sie die Bäume mit etwas mehr Abstand pflanzen, können Sie die gleichen Prinzipien anwenden, die auch beim Dichtpflanzen gelten. In jedem Fall aber wird der Umfang des Darstellbaren größer. Wenn wir Baum 1 im Vordergrund, Baum 2 in der Mitte und Baum 3 im Hintergrund plazieren, macht das schon eine Menge aus. Wenn Sie die Pflanzen relativ dicht hintereinander pflanzen, setzen Sie den Baum 3 etwas entfernt von den anderen (Zeichnung c). Bei größeren Abständen sollten Sie auch diesen Freiraum erweitern, um die Wirkung zu unterstreichen. Wir können auch Baum 2 und 3 nebeneinander plazieren und den Abstand zwischen ihnen und Baum 1 betonen (Zeichnung d).
Sollten Sie beabsichtigen, ein Tal, ein Gewässer oder ähnliches in der Mitte des Gefäßes einzubeziehen, können Sie die Wuchstendenz von Baum 3 oder gar 2 und 3 nach innen richten.

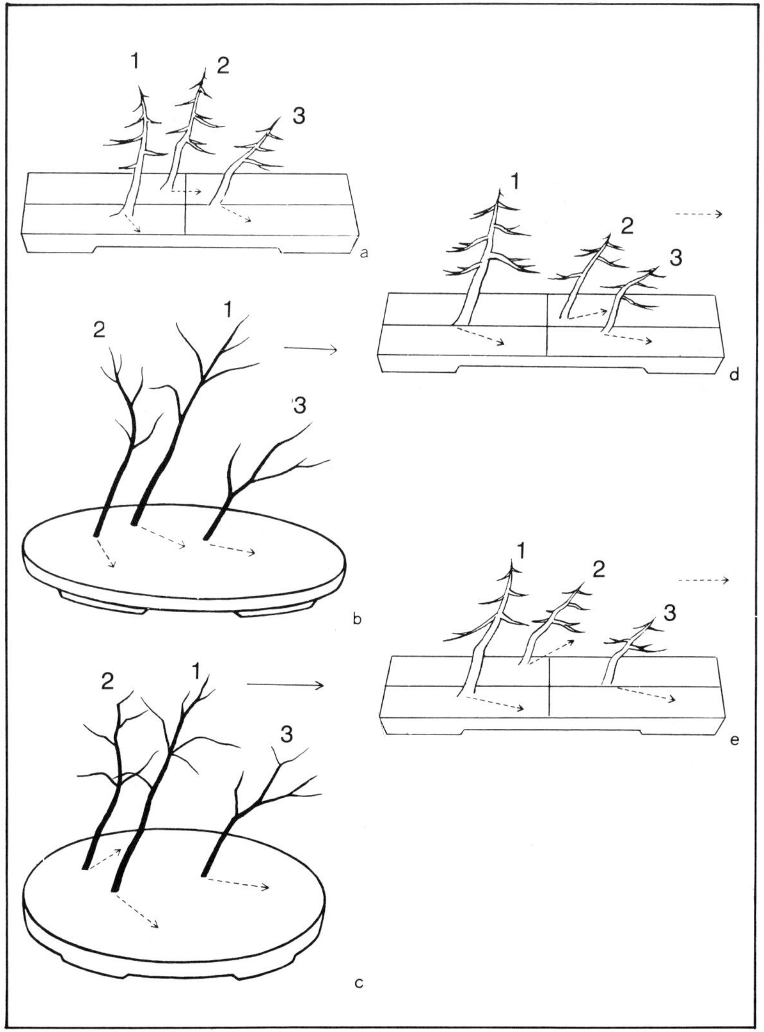

9

10

Wichtig

Ob Sie die Bäume nun dicht oder mit Abständen in die Schale pflanzen, so sollten Sie doch die folgenden Punkte beachten, um ein gewisses Gleichgewicht zu erreichen:

1. Der Baum, der unabhängig von der Wuchsausrichtung der gesamten Gruppe ist (wie etwa Baum 1 in der Zeichnung e), sollte nicht zu stark geneigt stehen, seine Spitze sollte nach oben zeigen (10).
2. Eine alternative Möglichkeit besteht darin, einen solchen Baum in die der Gruppe entgegengesetzte Richtung zu drehen.
3. Sie können weiterhin die Äste in die entgegengesetzte Richtung wachsen lassen. Auf diese Art und Weise entsteht ein Gleichgewicht zwischen der Kraft der Gruppenausrichtung und der ihr entgegengerichteten, so daß eine gewisse Stabilität und Schönheit erreicht werden kann.

Bedenken Sie also:

- gleicher Freiraum vor und hinter der Gruppe
  = Stabilität
- Gleichartigkeit, gleiche Form, Vorderseite und Ausrichtung, gleiches Gesamtbild
  = Harmonie
- unterschiedliche Größen, Höhen, Standorte, Abstände, Neigungen und Raumaufteilungen
  = Abwechslung

Wenn Sie Bäume auf diese Art pflanzen, werden Sie räumliche Tiefe, Perspektive, Kompaktheit und gleichförmige Schönheit erzielen.

Gruppenpflanzungen mit mehr als 5 Bäumen

Die Methode des Pflanzens ist die gleiche, wie bei weniger Bäumen auch. In jedem Fall aber muß der Hauptbaum (Baum 1) bei großen Gruppenpflanzungen ziemlich genau in der Mitte stehen, damit der Eindruck von Stabilität erhalten werden kann (Zeichnung f; 11).

Das Gleiche gilt für den Fall, daß in einem sehr großen Gefäß mehrere Gruppen arrangiert sind; dann muß die größte Gruppe als Nr. 1 angesehen werden, die zweitgrößte als Nr. 2 und so fort. Sie müßten also die Positionen aller Gruppen genau überdenken, um die erwünschte Einheit erzielen zu können.

Die Reihenfolge beim Pflanzvorgang hängt von der verwendeten Baumärt ab, normalerweise arrangieren wir die Bäume aber in der Reihenfolge ihrer Größe, indem wir mit dem Größten anfangen, wieder mit dem Zweck einer gewissen Einheit.

Beim Pflanzen zahlreicher Bäume sollten Sie sich immer fiktive Dreiecke zur Hilfestellung heranziehen, wie es schon zuvor erläutert worden ist. Von der Vorderseite des Gefäßes gesehen, dürfen sich keine Stämme kreuzen, und die Abstände zwischen ihnen sollten unterschiedlich groß sein (Zeichnung g).

Im Sinne eines stabilen Gesamteindrucks arrangieren Sie die Bäume so, daß der verbleibende Raum vor und hinter ihnen optisch gleich ist, und zwar unter Berücksichtigung der Stammpositionen und des Laubes.

Achten Sie wiederum darauf, daß auf der Seite etwas mehr Freiraum bleibt, zu der die gesamte Gruppe wuchsmäßig tendiert. (Die Tendenz der Gruppe ist gleichzeitig die von Baum 1 der Hauptgruppe.)

Wichtig ist auch, daß nicht mehr als 2 Bäume auf einer Höhe stehen, wenn Sie die bepflanzte Schale von der Seite betrachten; denn mehr als 2 würden den Eindruck einer geraden Reihe ergeben, was sich unbedingt nachteilig auswirkt (12).

Bei lehnenden Bäumen sollten sich von der Seite gesehen keine Stämme kreuzen; sie müssen auf jeden Fall aber nach vorn geneigt stehen, also in Richtung auf die Topfkante zum Betrachter hin.

Wenn Sie die Bäume nach diesen Prinzipien gepflanzt haben, werden Sie in jedem Fall einen plastischen und perspektivischen Gesamteindruck erzielen; ob Sie das Ganze nun von vorn, von der Seite, von hinten oder sogar von oben betrachten – es wird immer harmonisch und ausgewogen erscheinen.

11

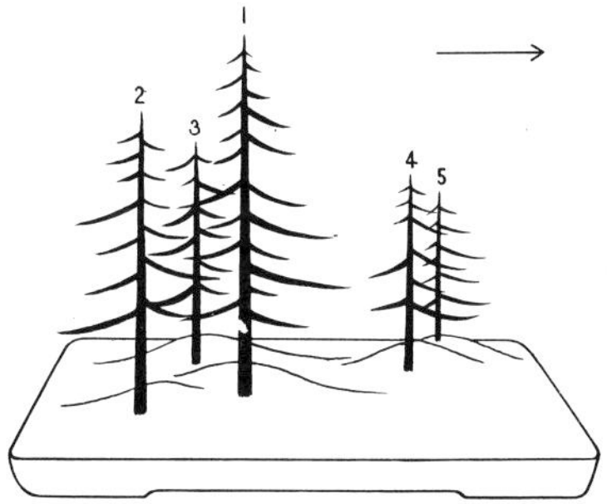

f

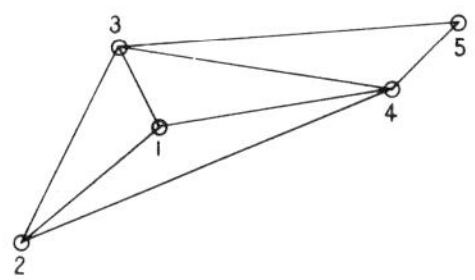

g

12

Pflanzung von 5 Nadelbäumen

Zunächst wählen Sie die entsprechenden Bäume aus und entscheiden sich für die Position der Gruppe. Als nächstes wird der Topfboden mit der Grundschicht bedeckt, auf die Sie dann die Pflanzen setzen. Fügen Sie die Deckerde hinzu, formen Sie eine interessante Oberfläche und bedecken Sie diese mit Moos. Das Ergebnis ist ein Ausschnitt aus einer Hügellandschaft.

Pflanzung von 5 Laubbäumen

Sie wählen Fächerahorn-Bäumchen für dieses Saikei-Arrangement aus. Zunächst wieder den Boden der Schale mit Erde bedecken, die Bäume verteilen, Deckerde hinzufügen, dann die Oberfläche strukturieren und Moos daraufpflanzen. In diesem Fall entsteht eine friedliche Hügellandschaft mit einem Bach, der zwischen den Bäumen dahinplätschert.

Umgang mit Wurzeln und Erde

In der Saikei-Kunst wird ein Sämling, der in einem kleinen Gefäß wächst, mit soviel Muttererde wie nur möglich umgetopft. Es ist also nicht notwendig, den Wurzelfilz aufzulockern. Wenn Sie jedoch ein sehr flaches Arrangement zusammenstellen, können Sie natürlich etwa die Hälfte der Erde ablösen.
Auch bei Gruppenpflanzungen sollten Sie dann Wurzeln entfernen, wenn diese in Berührung mit denen anderer Bäume kommen.
In den richtigen Jahreszeiten, im Frühjahr und im Herbst nämlich, darf der aufgelockerte Wurzelfilz zurückgeschnitten werden, außerhalb dieser Zeit aber nicht.
Sie können einen Wurzelballen auch dadurch flacher machen, daß Sie ihn an seiner Unterseite auflockern und von einem Teil der Erde befreien; er wird dann vorsichtig, aber fest heruntergedrückt. Bei diesem Vorgang werden die Wurzeln ein wenig verteilt; er kann als vorläufiger Ersatz für das Umtopfen dienen.

Der Pflanzvorgang

Bedecken Sie zunächst die Wasserabzugslöcher im Boden des Gefäßes mit kleinen Stückchen aus einem Vinylnetz oder ähnlichem; dann streuen Sie eine dünne Schicht frischer Erde auf den Schalenboden. Nun können Sie einen nach dem anderen die Bäume arrangieren. Korrigieren Sie zu diesem Zeitpunkt die Höhe eines jeden Baumes durch das Hinzufügen oder Wegnehmen von Erde auf dem Schalenboden. Sollte ein Baum wegen Mangels an Wurzelmasse nicht aufrecht stehen können, fixieren Sie ihn vorläufig mit Hilfe eines kleinen Erdhäufchens um seinen Fuß herum (siehe auch die Fotos in diesem Kapitel).
Wenn alle Bäume ihren Platz haben, verschaffen Sie sich einen Gesamteindruck. Sollten Sie damit zufrieden sein, können Sie mit dem eigentlichen Pflanzvorgang beginnen.

Indem Sie den Baum mit einer Hand fest an seinem Fuß fassen und sorgfältig darauf achten, daß er in seiner Position und Lage nicht verändert werden kann, fügen Sie nun frische Erde hinzu und drükken diese mit einem Stäbchen vorsichtig, von außen nach innen arbeitend fest, um so Freiräume um die Wurzeln herum zu beseitigen. Machen Sie die Arbeit mit dem Stäbchen sehr sorgfältig, die Erde muß alle Freiräume ausfüllen. Wenn Sie die Erde mit den Fingern festdrücken, zerdrücken Sie die Klümpchen zu feinem Staub, so daß eine ausreichende Dränage verhindert wird. Dicht gepflanzte Gruppen haben natürlich wenig von der ursprünglichen Erde an ihren Wurzeln zurückbehalten und werden nicht stabil stehen, bevor Sie nicht mit dem Stäbchen daran gearbeitet haben. Nach der eigentlichen Pflanzarbeit lockern Sie die Erdoberfläche wieder auf, legen die dicken Wurzelansätze frei und fegen zum Schluß noch einmal die Erde mit einem feinen Handbesen, ebnen Sie entlang des Schalenrandes und drücken sie, wenn nötig, noch einmal mit einem Schäufelchen fest. Anschließend sehen Sie sich das Ganze auf seinen Gesamteindruck an. Ändern Sie die Schräglage, wenn es danach verlangt, und wässern Sie abschließend, wenn alles zufriedenstellend erscheint, und zwar solange, bis Wasser aus der Dränageöffnung im Schalenboden tritt. Die Erde setzt sich nun, die Wurzeln finden dadurch Halt und der Baum steht jetzt stabil. Danach legen Sie Moos auf die Erde. Das sieht natürlich aus und unterstreicht den Eindruck von Alter.
Wenn Sie Ihre Bäume in eine flache Schale pflanzen, könnten Sie Schwierigkeiten damit haben, sie aufrecht zu halten. In diesem Fall sollten Sie sie vorübergehend mit Draht sichern. Weiterhin ist es empfehlenswert, die Wurzeln mit einem feuchten Tuch zu umwikkeln oder sie ab und zu mit einer Sprühflasche zu befeuchten, wenn die Arbeiten so lange dauern, daß der Ballen zwischenzeitlich austrocknen könnte. Es muß wohl nicht erwähnt werden, daß die Wurzeln nicht der direkten Sonne ausgesetzt werden dürfen, wenn sie freiliegen.

Pflegemaßnahmen nach dem Umpflanzen

Wenn Sie den Baum umgetopft haben, ohne die ursprüngliche Erde von den Wurzeln zu lösen, ist die weitere Pflege die gleiche, wie beim normalen Eintopfen. Es ist dann keine besondere Aufmerksamkeit nötig.
Wenn aber ein Teil der ursprünglichen Erde abgelöst wurde, verlangen immergrüne Gehölze 1–2 Wochen lang ein wenig Schutz vor direkter Sonneneinstrahlung, die zwar nicht gänzlich ausgeschlossen werden muß, aber nicht länger als 1 oder 2 Stunden andauern sollte. Wenn es sich um Mischwald-Gruppen handelt und sich noch keine neuen Blätter entfaltet haben, dürfen Sie ruhig der Sonne ausgesetzt werden. Das Wässern muß dann vorsichtig geschehen, um die Bäume nicht zu »ertränken«. Bei den Immergrünen ist es nötig, das Laub häufig mit Wasser zu besprühen, um die Bäume »kühl« zu halten.

Verwendung von Steinen und Erde

Obwohl Bäume natürlich die Basis für Saikei bilden, spielen auch die Steine eine sehr wichtige Rolle beim Schaffen von attraktiven Landschaften. Für Saikei verwenden wir oft Sämlinge, die keine schöne Gestalt oder Form haben. Deshalb sind die Steine wesentlich daran beteiligt, auch diese Bäume vorteilhaft darzubieten.
Zur guten Darstellung Ihrer Steine müssen Sie die Erde geschickt anhäufen und verteilen. Einen Erfolg beim Saikei erzielen Sie durch den korrekten und ausgewogenen Gebrauch der drei Grundelemente: Baum, Stein und Erde. Durch Vermischen dieser Elemente soll eine Einheit entstehen.

Steine

Es gibt interessante Steine, die für Bonsai benutzt werden, ob sie nun in einem Bonsai-Arrangement Verwendung finden oder alleine in einer Schale liegen. Bei Saikei erreichen wir jedoch am meisten mit einfachen Steinen, die in den Bergen oder auf Straßen gefunden werden. Selten stoßen wir auf einen Stein, der überhaupt nicht zu gebrauchen ist. Jeder Stein hat seine Schönheit und seinen Vorzug.
Wenn Sie einen Stein betrachten, werden Sie feststellen, daß er Sie an eine schon einmal gesehene Landschaft erinnern kann, sei es an das Bild einer Hügelkette, an den Rand einer Klippe oder an den Felsen einer tiefen Schlucht. Wenn Sie geschickt die weniger schönen Seiten verstecken, können Sie jederzeit die »Schokoladenseite« eines ansonsten unscheinbaren Steines verwenden.

Erde

Beim Saikei bemühen wir uns darum, natürliche Bodenwellen oder kleine Hügel nachzuempfinden, um die Landschaften interessanter zu machen. Andererseits bemühen wir uns bei den meisten anderen Pflanzmethoden, die Erdschicht so dünn wie möglich zu halten. Man braucht deshalb ein wenig Übung für den richtigen Umgang mit dem jeweiligen Substrat. Im übrigen müssen wir den natürlichen Eindruck ja auf einem räumlich sehr begrenzten Feld unterbringen.

Plazierung eines einzelnen Steines

Wenn Sie einen einzelnen Stein verwenden, gibt es tatsächlich nur eine Grundregel: daß der Stein nämlich in der Nähe eines Baumes liegen muß. Außerdem sollte der Stein ganz bewußt im Hinblick auf die Ausrichtung des Baumes plaziert werden. Setzen Sie ihn möglichst so zu der Pflanze, daß er weitgehend mit ihrer Wuchstendenz harmoniert, und den Blick auf den Stein lenkt.
Beim Zusammenstellen eines solchen Arrangements konzentrieren Sie sich am besten auf den größeren der beiden Bestandteile. Pflanzen Sie also erst den Baum, wenn er größer als der Stein ist, und umgekehrt. Natürlich müssen Sie von beiden erst die Position bestimmen, bevor Sie mit dem eigentlichen Pflanzvorgang beginnen. Sollte der Baum zuerst gepflanzt werden, dürfen Sie nicht wässern, bevor nicht auch der Stein plaziert und die Erdoberfläche geformt ist. Zum Schluß gießen Sie ausgiebig und legen das Moos auf.

Wirkungsvolle Verwendung des Materials

Für ein wirklich schönes Arrangement benötigen Sie auch gutes Material. Zunächst suchen Sie einen Stein aus, der mit der geplanten Landschaft harmonieren wird. Wenn Sie auch nicht genau den Stein finden können, den Sie brauchen, so können Sie doch vorübergehend einen anderen Stein so einbauen, daß nur die geeignete Seite zu sehen ist. Achten Sie aber immer darauf, daß die äußere Erscheinung und der Gesamteindruck des Baumes eine Einheit mit dem Stein bilden.

Ansicht des Steines

Betrachten Sie ihren Stein aufmerksam von allen Seiten und wählen Sie die Seite aus, die die interessanteste Form und Farbe aufweisen kann. Bei einem guten Stein werden Sie wenig Mühe haben, die Vorderseite zu bestimmen. Ein weniger guter Stein bringt vielleicht einige Schwierigkeiten mit sich, bei sorgfältiger Betrachtung werden Sie aber aller Wahrscheinlichkeit nach doch eine Ansicht finden, die interessant ist. Arrangieren Sie Ihre Landschaft dann so, daß von der Vorderseite gesehen nur die beste Ansicht des Steines zur Geltung kommt. Ganz egal, wie unfertig ein Sämling und wie glanzlos ein Stein aussehen mag, Sie können immer eine harmonische und attraktive Landschaft schaffen. Darin besteht einer der Reize von Saikei.

Links oben: Ein Baum und ein Stein. Achten Sie darauf, daß die Ausrichtung von Beiden die gleiche ist, und daß beide sich auf der Mittellinie befinden.

Rechts oben: Baum und Stein von der Seite gesehen.

Links: Schütten Sie die Erde so auf, daß unerwünschte Teile des Steines verdeckt werden.

Ausrichtung des Steines

Die Ausrichtung des Steines wird durch seine Oberflächenstruktur bestimmt, indem man ihn beispielsweise auf eine Reihe parallel laufender Rillen oder Riefen untersucht, die vielleicht alle in eine Richtung »fließen«. Sie können den Stein auf mehrere Weisen kippen und so sein Ausrichtung beeinflussen, sie muß aber mit der des Baumes einhergehen. Achten Sie im übrigen darauf, daß die Schale mindestens zur Hälfte mit Erde gefüllt ist, bevor Sie den Stein plazieren.

Achten Sie darauf, daß die Ausrichtung von Baum und Stein gleich ist. Beide sollten auf der Mittellinie des Gefäßes gesetzt werden.

Links oben: Ein Fächerahorn und ein Stein stehen zum Einpflanzen bereit.

Rechts oben: Seitenansicht. Baum und Stein befinden sich auf der Mittellinie.

Links unten: Das fertige Arrangement.

Position des Steines

Beim Setzen des Steines ist es sehr wichtig, daß seine Mitte auch auf der Mittellinie der Schale liegt (siehe Zeichnungen S. 47), genau wie das auch beim Baum der Fall sein soll. Dies ist die Grundregel, wenn Sie den Stein direkt neben dem Baum plazieren.
Wenn der Stein dagegen etwas weiter vom Baum entfernt ist, können Sie ihn auch weiter an den hinteren Topfrand verschieben. Das hieße, daß in diesem Fall der Baum im Blickpunkt des Geschehens läge, während der Stein, mag er auch noch so groß sein, weniger auffällig wäre. Wenn der betreffende Baum relativ klein ist, oder wenn Sie den Stein ganz allein verwenden wollen, sollte dieser ein Stück vor der Mittellinie liegen.
Werden Baum und Stein sehr dicht nebeneinander gesetzt, muß zu der Schalenseite hin mehr Freiraum gelassen werden, zu der beide von ihrer Form her ausgerichtet sind. In solch einer Landschaft sollten Sie Baum und Stein immer als Einheit betrachten.

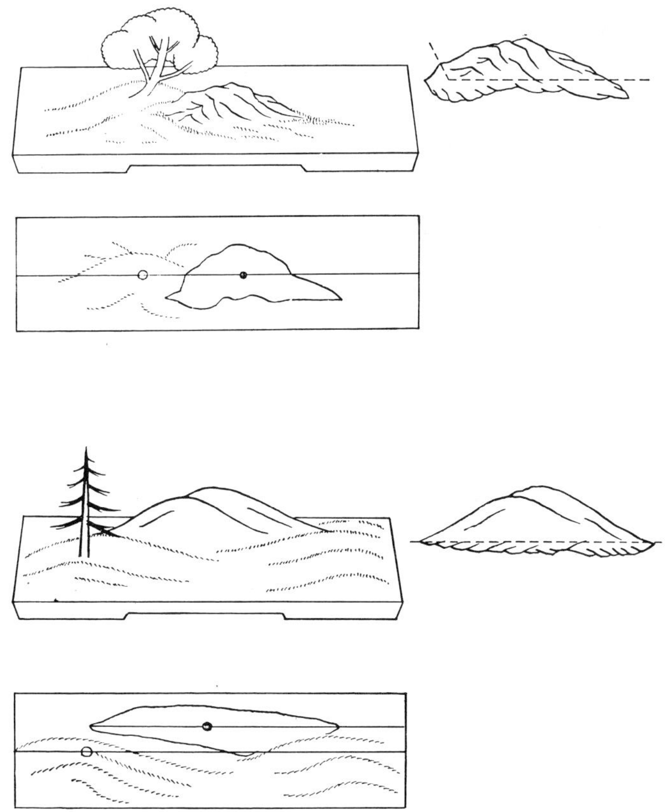

Einen größeren Stein dürfen Sie auch weiter im Hintergrund plazieren.

Einklang in der Ausrichtung

Wir haben zwar wiederholt betont, daß die Ausrichtung von Baum und Stein übereinstimmen sollten, was aber nicht unbedingt heißt, daß diese vollkommen parallel laufen müssen. Achten Sie nur darauf, daß die Grundtendenz die gleiche ist. Sie erreichen dadurch schöne und harmonische Szenerien.

Betonung der Tiefe

Legen Sie Ihren Stein dicht neben den Baum und richten Sie ihn ungefähr nach dessen Wuchstendenz aus. Wenn Sie nun den Stein ein kleinwenig nach hinten verschieben, geben Sie der Landschaft zusätzlich Tiefe. In manchen Fällen können Sie den gleichen Effekt auch durch ein Verschieben nach vorn hin erreichen.
Bei einem sehr langen oder großen Stein jedoch ist es nicht empfehlenswert, diesen zu verschieben. Legen Sie ihn dann lieber parallel zur Längsachse des Gefäßes ein gutes Stück vom Baum entfernt.

Verhältnis zwischen Baum und Stein

Die ideale Höhe des Steines hängt zum Teil von der Art der Landschaft ab, die Sie zu schaffen versuchen; auf keinen Fall aber darf der Stein den Baum verdecken, wenn das Arrangement von vorn betrachtet wird. Man soll den ganzen Baum sehen können, einschließlich des Stammes, wie er aus der Erde entspringt. Sie können ja leicht die Höhe des Steines durch ein mehr oder weniger tiefes Einbauen regulieren.

Aufbringen der Erde

Nachdem Sie Baum und Stein plaziert und sich davon überzeugt haben, daß sie richtig stehen, füllen Sie das Gefäß mit Erde an.

Beachten Sie dabei, daß der Stein nach diesem Vorgang nicht mehr so hoch erscheinen wird. Sorgen Sie auch dafür, daß zum Abschluß die Unterseite des Steines nicht zu sehen ist, da der Gesamteindruck sonst unstabil werden könnte. Schütten Sie kleine Erdhäufchen in der Nähe des Baumes und des Steines auf, so daß schließlich die Oberflächenstruktur uneben und natürlich wirkt. Die unebene Oberfläche begünstigt außerdem die perspektivische Wirkung der Landschaft.

Der letzte Schliff

Nachdem der Boden Ihren Wünschen entspricht, glätten Sie die Flächen, die mit Sand bestreut werden sollen (wenn welche vorhanden sind) und wässern das Arrangement durchdringend. Danach legen Sie das Moos auf die entsprechenden Stellen und verteilen den Sand. Noch einmal ein wenig wässern und den Rand der Schale säubern. Die Landschaft ist nun fertig.

Ein Baum, ein Stein (streng aufrecht)

Das einfachste Saikei-Arrangement besteht aus einem Baum und einem Stein. Hier soll veranschaulicht werden, wie ein normaler Stein von einem Feldweg ein bewundernswertes Objekt werden kann, wenn er nur entsprechend in ein Arrangement mit einbezogen wird. Das Material für diese Pflanzung sind eine vierjährige Sicheltanne, ein rechteckiges Gefäß mit einer Länge von 38 cm (abgebildet ist eine Tokoname-Schale) und ein sehr einfacher Stein (1). Schneiden Sie aus einem Vinylnetz kleine Quadrate und bedecken Sie damit die Wasserabzugslöcher im Schalenboden. Dies verhindert, daß Erde verlorengeht (2). Streuen Sie dann eine Schicht groben Sandes auf den Boden des Gefäßes (3). Nun entfernen Sie den Baum aus seinem kleinen Topf, indem Sie einige Male auf dessen Rand klop-

1

2

3

fen. Wenn die Pflanze gut durchwurzelt ist, sollte der Großteil der Erde am Ballen haften bleiben (4). Setzen Sie den Baum und den Stein in das Gefäß und ordnen Sie sie harmonisch an (5). Da die Schale sehr flach ist, müssen Sie etwa die Hälfte des Wurzelballens an dessen Unterseite entfernen (6). Außerdem sollten Sie die Wurzeln, die mit dem Stein in Berührung kommen, von Erde befreien (7). Dann schneiden Sie alle aus dem Ballen herausragenden Wurzeln ab (8). Setzen Sie den Baum zurück in die Schale, vergewissern Sie sich aber dabei, daß Sie seine Ausrichtung nicht verändert haben (9). Schütten Sie feinkörnige Deckerde rund um den Ballen auf (10). Indem Sie nun den Baum fest an seinem Fuß halten, verteilen Sie mit einem Stäbchen sorgfältig die Erde in die Freiräume zwischen den Wurzeln (11). Fügen Sie dann noch mehr Deckerde hinzu und formen Sie mit einem Pinsel eine unregelmäßige Oberfläche. Versuchen Sie dabei gleichzeitig, die weniger attraktiven Stellen des Steines zu verdecken (12). Drücken Sie die Erde vorsichtig mit einem Schäufelchen fest, und wässern Sie dann langsam und durchdringend von außen nach innen (13). Schließlich legen Sie Moos um den Fuß des Baumes und um den Stein herum und drücken die Ränder des Mooses in die Erde, damit es anwachsen kann (14). Vor allem am Rand des Gefäßes wird es gut heruntergedrückt (15). Dann streuen Sie Sand rechts neben den Stein (16). Geben Sie soviel Sand dazu, daß dieser bis kurz unter den Topfrand reicht (17). Das Arrangement ist nun fertig (18).

Landschaft mit einer Kleinblättrigen Scheinzypresse

Eine andere beliebte Saikei-Technik besteht darin, einen Baum an einen erhöhten Standort zu pflanzen, wobei man Torfmull zur Erhöhung der Standfestigkeit benutzt. Das Material sind in diesem Fall eine dreijährige Jungpflanze einer Kleinblättrigen Scheinzypresse, ein größerer Stein aus einem Fluß und ein etwa 25 cm langes, ovales Gefäß (1). Befestigen Sie Vinylnetze über den Abzugslöchern (2, Ansicht von unten). Bedecken Sie den Boden des Gefäßes mit grobem Sand, entfernen Sie den Baum aus seinem Gefäß und setzen Sie ihn in die Schale (3). Der Stein sollte dicht neben den Baum gesetzt werden und mit ihm in einem harmonischen Einklang stehen (4). Nehmen Sie nun angefeuchteten Torf, drücken Sie ihn ein wenig und legen Sie ihn rund um den Wurzelballen der Pflanze (5). Lockern Sie den Ballen, wo er mit dem Stein in Berührung kommt, entfernen Sie aber keine Erde von seiner Unterseite, da es sich ja um eine erhöhte Pflanzung handelt (6). Schieben Sie den Baum dicht an den Stein heran und schichten Sie bei Bedarf mehr Erde auf. Wenn der Baum nicht hoch genug steht, heben Sie ihn an und drücken etwas mehr Sand unter den Ballen (7). Halten Sie den Baum mit der einen Hand fest und arbeiten mit einem Stäbchen Teile der Deckerde zwischen die Wurzeln (8). Decken Sie dann die gesamte Erdoberfläche mit flachen Stücken feuchten Torfes ab (9). Drücken Sie dann den Torf fest mit den Fingern in die Deckerde (10). Ebenfalls mit den Fingern und auch mit Hilfe des Stäbchens modellieren Sie nun kleine alten und Konturen in den Torf, die mit der Form des Steines harmonieren (11). Bevor der Torf austrocknen kann, verteilen Sie das Moos auf seiner Oberfläche (12). Drücken Sie die Ränder der Stücke in den Torf, damit sie sich beim Wässern nicht wieder ablösen können (13). Wie auf dem Foto dargestellt, sollten Sie aber nur etwa die Hälfte der Torfoberfläche mit Moos abdecken. Wenn das Moos an steileren

1

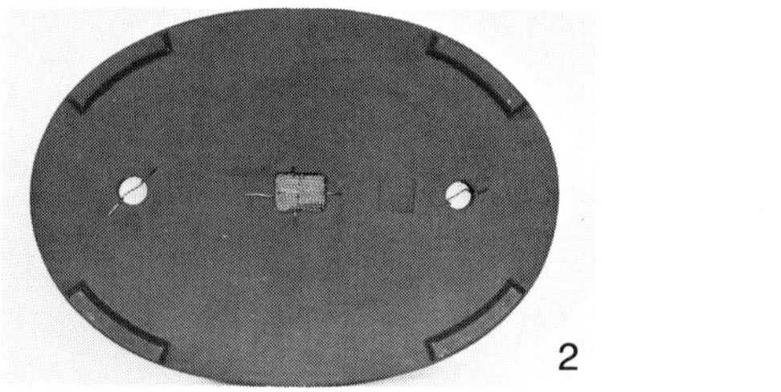

2

3
4
5
6
7
8
9
10
11
12
14
15
16
17
18

Stellen der Oberfläche nicht halten will, können Sie es mit Drahtklammern befestigen (14). Mit einem Schäufelchen drücken Sie das Moos entlang der Gefäßkante nach innen (15). Auf der rechten Seite des Steines glätten Sie die Oberfläche des Sandes, wo später der noch feinere Sand aufgestreut wird. Dann wässern Sie das Arrangement vorsichtig und durchdringend von außen nach innen gehend (16). Schließlich wird der Sand auf die noch freie Fläche rechts des Steines gestreut (17), mit dem Schäufelchen eingeebnet (18), und die Landschaft ist fertig.

Arrangieren von Stein-Gruppen

Die Grundregeln für das Pflanzen in Gruppen sind an anderer Stelle schon dargelegt worden, und die Regeln für die Gruppierung von Steinen sind ganz genau die gleichen. Dennoch sind sie so wichtig, daß sie hier noch einmal wiederholt werden.

1. Die Anzahl der Steine kann 1, 2, 3, 5, 7, oder 9 betragen. Wenn es mehr als 9 sind, darf die Zahl auch gerade sein.
2. Allgemein sollten die Steine alle gleichartig sein. Wenn Sie eine gewisse Perspektive erzielen wollen, können Sie dazu auch verschieden geformte Steine verwenden; oder wenn Sie beispielsweise einen schneebedeckten Berg darstellen wollen, müssen Sie einen weißen Stein zusammen mit anderen nehmen. Grundsätzlich besagt die Regel aber, daß sich die Steine alle ähneln sollten.
3. Versuchen Sie, Steine auszuwählen, die von der Form her nicht zu unterschiedlich sind; sonst wird es im Gesamteindruck nämlich am Einheit und Einklang mangeln.
4. Verwenden Sie die Steine verschiedener Größen. Wenn sie alle gleich groß sind, werden Sie Schwierigkeiten haben, eine Tiefenwirkung zu erzielen.
5. Nehmen Sie verschieden hohe Steine. Bis zu einem gewissen Grad können Sie die Höhe auch über die Erdpolster regulieren.

Raumaufteilung

Die Steine sollen alle miteinander harmonieren. Wenn Sie einen Stein flach hinlegen, müssen Sie das auch mit allen anderen tun. Für die Position der Gruppe innerhalb der Schale gilt genau das gleiche, wie für Bäume auch (siehe Seite 34). Genauso müssen Sie darauf achten, daß die Abstände zwischen den Steinen in der Gruppe unterschiedlich sind.

Wenn Sie einen Stein plazieren, ist der wichtigste Punkt der, die schönste Seite für die Vorderseite auszuwählen. Wenn Sie 2 Steine verteilen wollen, setzen Sie zuerst den Hauptstein nach Gefühl, nehmen dann den zweiten dazu und bewegen ihn solange, bis Sie wirklich zufrieden und sicher sind, daß er eine optimale Position erreicht hat und mit dem Hauptstein harmoniert. Von der Seite gesehen, sollten ihre Mittelpunkte nicht auf derselben Linie liegen. Auch hier sollten Sie großen Wert darauf legen, mehr Freiraum auf der Seite des Gefäßes zu lassen, zu der die Gruppe von der Form her tendiert. Bei einer Betrachtung von der Gefäßseite müssen die Abstände zwischen den Steinen und zur Gefäßkante hin gleich sein. Kontrollieren Sie dann die Höhen der Steine und korrigieren Sie durch das Hinzufügen oder Wegnehmen von Erde. Vergewissern Sie sich, daß die Steine gut zu Bäumen passen, die vielleicht noch dem Arrangement beigefügt werden. Wenn Sie nach einer gründlichen Überprüfung zufrieden sind, können Sie die Deckerde unregelmäßig modellieren, und Sie sind fertig (siehe Zeichnung).

Bei einem Arrangement mit 3 Steinen und 1 Baum besteht die wichtigste zusätzliche Regel darin, daß die Mittellinie des Hauptsteines identisch, oder doch ungefähr identisch, mit der des Baumes sein sollte. Außerdem sollte der Hauptstein sehr dicht an den Baum herangesetzt werden (siehe auch die Zeichnungen und Fotos der verschiedenen Perspektiven eines 3-Stein-Arrangements).

Wenn 5 Steine gesetzt werden sollen, geschieht das in einer etwas anderen Reihenfolge. Setzen Sie den Hauptstein zuerst, danach zu-

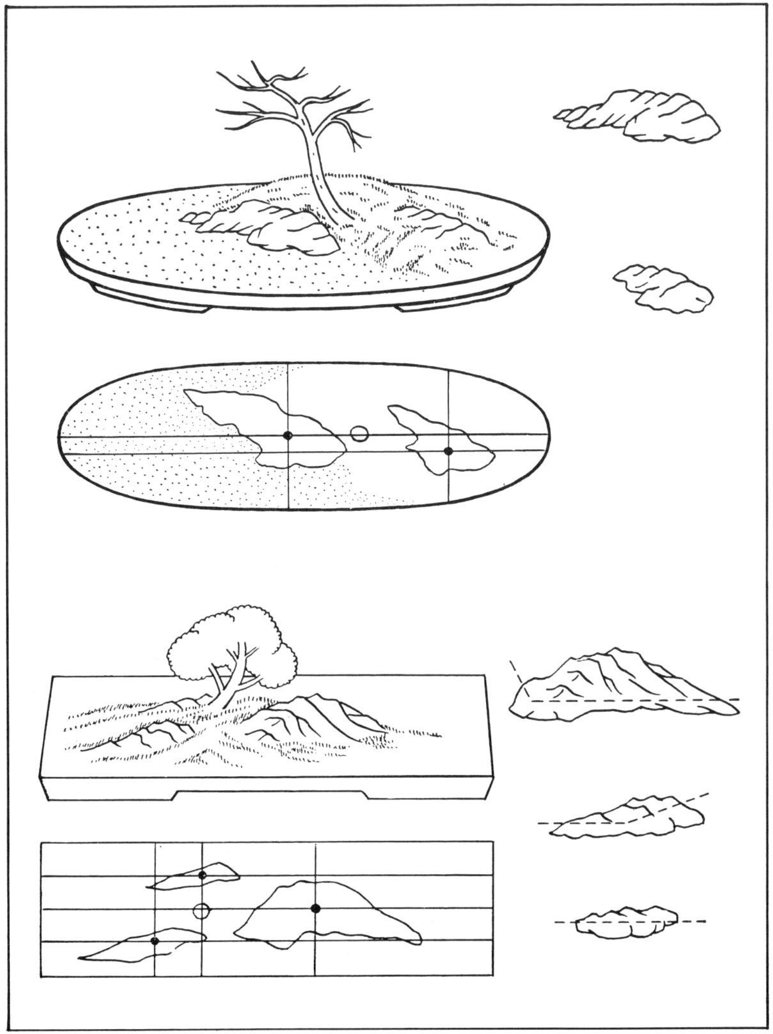

Oben links: Vorderseite

Oben: Seitenansicht

Links: Ansicht von oben

nächst einen kleinen. Wenn Sie die Steine der Größe nach ordneten, und der größte die Nr. 1 wäre, würde das Plazieren in der Reihenfolge 1, 5, 2, 4, 3 verlaufen. Der Grund dafür liegt darin, daß beim Setzen der Steine, in der Reihenfolge vom größten zum kleinsten hin, das gesamte Arrangement unausgewogen wäre, wenn alle großen Steine ganz vorn oder ganz hinten lägen. Wenn Sie so viele Steine zu verteilen haben, sollten Sie das Arrangement kontinuierlich von vorn, von der Seite, von hinten und von oben betrachten, um sich zu vergewissern, daß alle Bestandteile richtig plaziert sind, und daß das Arrangement keinen unausgewogenen Eindruck von irgendeiner Seite her macht (siehe auch die Zeichnungen und Fotos S. 53/54).

Nadelbaum mit 7 Steinen

Wählen Sie zunächst Ihren Baum und die Steine aus. Außerdem brauchen Sie ein Gefäß, das ziemlich groß sein muß, wenn Sie mit großen Steinen arbeiten. Füllen Sie die Grundschicht in das Gefäß und verteilen Sie Baum und Steine. Fügen Sie Deckerde und Moos hinzu und streuen Sie den Sand wie auf dem Foto dargestellt. Das Ergebnis ist eine zerklüftete, windgepeitschte Küstenlandschaft.

Saikei-Felsenpflanzungen

Die Felsenpflanzung ist eine Saikei-Technik, bei der wir Bäume, Gräser, Moos usw. auf einen Felsen pflanzen und das Arrangement dann in ein flaches Gefäß mit Wasser stellen. Diese Technik ist relativ kompliziert, da die Pflanzvorgänge an oft sehr schwer zugänglichen Stellen und mit recht wenig Erde erfolgen müssen. Wenn man es aber richtig macht, können die Resultate ebenso zufriedenstellend sein wie andere Saikei-Landschaften auch.

Material

Zum üblichen Material, das für Saikei benötigt wird, brauchen Sie noch einige besondere Dinge für die Arbeit an Felsenpflanzungen. So verwenden Sie Torf, der gut angefeuchtet zu einer tonähnlichen Masse geknetet wurde. Weiterhin brauchen Sie Sphagnum-Moos. Es hält die Feuchtigkeit und gibt den Wurzeln in dünnen Erdschichten die nötige Kühle. Draht ist nötig, um die Bäume in der richtigen Lage zu fixieren, etwas Blei, ein Meißel und ein Hammer. Sie müssen dann kleine Höhlungen in den Felsen meißeln und in diese Höhlungen das mit Draht umwickelte Blei klopfen. Schließlich benötigen Sie eine Sprühflasche und einen feuchten Lappen um die Wurzeln der Bäume während des Pflanzvorgangs feucht zu halten.

Geeignete Gehölze

Die Pflanzen müssen in jedem Fall sehr gesund sein und ein kräftiges Laub, sowie ein ausgedehntes Wurzelsystem besitzen, wenn sie als Felsenpflanzung gedeihen sollen. Außerdem sollten Sie eine Gehölzart wählen, die das ganze Jahr über eine interessante Erscheinung bietet. Gewöhnlich werden deshalb Koniferen, wie Mädchenkiefer, Fichten, Nadel- und Chinawacholder, Sicheltanne und Schwarzkiefer ausgewählt. Auch werden häufig großblättrige Laubbäume verwendet, wie vor allem Fächer- und der Dreispitzahorn, Buchen, Glockenjasmin, Felsenmispeln und Azaleen.

Pflanzzeit

Die richtige Jahreszeit zum Pflanzen hängt natürlich von der Baumart ab, mit der Sie arbeiten. Das Frühjahr (März oder April), also bevor sich die Knospen öffnen, ist für die meisten Pflanzen am besten. Bei Azaleen kommt die beste Zeit gleich nach der Blüte.

Nachbehandlung

Nach dem Pflanzvorgang sollten Sie Ihr Arrangement noch eine Woche lang vor starkem Wind und Sonneneinstrahlung schützen. Zusätzlich sollten Sie das Laub immer feucht halten, indem Sie nach Möglichkeit sechs bis sieben Mal am Tag Wasser sprühen. Während der zweiten Woche dürfen Sie die Landschaft nur in den Morgenstunden der Sonne aussetzen. Danach steigern Sie die Dosis an täglichem Sonnenlicht über einen Monat hinweg, bis das Arrangement den ganzen Tag über der Sonne ausgesetzt wird. Bis zu diesem Zeitpunkt wird die Jungpflanze neue Wurzeln getrieben haben. Sie wird also keine weitere Sonderpflege benötigen, soll aber häufiger gewässert werden als normale Saikei-Landschaften, die in ihrer Schale ein größeres Erdreservoir besitzen. Das hieße also, daß bei starker Sonneneinstrahlung mindestens dreimal täglich gewässert werden muß, aber so vorsichtig, daß man die Pflanze nicht ertränkt.
Sie werden auch dafür Sorge tragen müssen, daß der Boden im Winter nicht durchfriert. An allzu heißen Sommertagen läßt sich die

Landschaft auch halbschattig aufstellen. Bei vollem Sonnenlicht könnte der Stein nämlich so heiß werden, daß er die Wurzeln verbrennen würde. Wenn das Arrangement in einer Schale mit Wasser steht, halten Sie den Wasserspiegel niedrig. Wenn nämlich zu viel Erde in das Wasser hineinragt, nimmt diese sehr viel Feuchtigkeit auf und die Wurzeln könnten faulen.

Gestaltungsidee und Materialwahl

Gewöhnlich wählt man zuerst einen Felsen aus und nimmt dann einen passenden Baum. Bestimmen Sie die Vorderseite Ihres Felsens und stellen Sie sich dann eine Szenerie vor, die sich von allein anbietet. Dieses Bild vor dem geistigen Auge, suchen Sie einen Baum aus, der die richtige Größe hat und der von seiner Ausrichtung her mit dem Felsen harmoniert.

Einie interessante Kombinationen:

- Kiefern in einer Insellandschaft (A)
- bewaldete Inselchen in einem See (B)
- ein Ahornbaum an einer Quelle (C)

Position des Baumes

Es gibt mehrere wichtige Punkte, die beachtet werden müssen. Die Wichtigkeit einiger dieser Punkte verlangt, daß sie hier noch einmal wiederholt werden.

1. Die Vorderseite des Baumes und des Felsens, wie auch deren Ausrichtung, müssen miteinander harmonisch im Einklang stehen.
2. Gewöhnlich wird zuerst der Felsen ausgewählt und dann ein Baum, der dazu paßt. Bedenken Sie dabei, daß Sie die Form des Baumes ein wenig ändern können, an den Umrissen des Felsens aber wenig korrigieren können.
3. Betrachten Sie die Oberfläche des Felsens als die Oberfläche einer Schale. Der Baum sollte auf der Mittellinie des Felsens stehen, wenn man ihn von der Seite betrachtet. Wenn die Ausrichtung des Baumes nach rechts geht, sollte auch der größte Teil der Steinoberfläche auf der rechten Seite liegen.
4. Die Vorderseite des Felsens darf nicht durch Äste und Erde verdeckt werden. Pflanzen Sie so, daß der Großteil der Wurzeln zur Rückseite des Steines zieht.
5. Versuchen Sie es schon bei der Planung so einzurichten, daß uninteressante Teile des Felsens später mit Erde bedeckt werden können.
6. Wenn Sie eine Mehrfachpflanzung auf einem Felsen vornehmen wollen, gelten die gleichen Regeln, wie bei einer Schalenpflanzung auch.
7. Bemühen Sie sich, nicht nur die natürlichen Höhlungen des Steines auszunutzen, wenn das im Endeffekt ein unbefriedigendes Gesamtbild ergeben würde. Das Meißeln von weiteren Spalten mag zwar Arbeit bedeuten, lohnt sich aber unbedingt im Interesse eines wirklich gelungenen Arrangements.

Vorbereiten der Drahthalterungen

Bevor Sie die Wurzeln eines Baumes mit Draht am Felsen befestigen können, müssen Sie zunächst den Draht verankern. Wickeln Sie dazu ein Stück dünnen Drahtes um ein kleines Stückchen Blei. Dann treiben Sie das Blei mit Hilfe von Hammer und Meißel in eine der Felsspalten. Nach Abschluß aller Arbeiten sollte dieser Draht unter der Erde in der Nähe der betreffenden Wurzel verborgen liegen. Sie werden diesen Prozeß wahrscheinlich einige Male wiederholen müssen, je nachdem, wie Sie die Wurzeln verteilen wollen.

Wenn es keine Möglichkeit zur Verankerung in Höhlungen gibt, können Sie den Draht auch mit Klebstoff befestigen oder mit einer Bohrmaschine Löcher in den Stein bohren. Gewöhnlich ist dies aber nicht so empfehlenswert, weil dadurch die natürliche Schönheit des Felsens zerstört werden kann.

Material und Pflanzenmethode für einen Baum auf einem Stein.

Pflanzvorgang

Drücken Sie eine dünne Schicht nassen und gut durchgekneteten Torfes auf die Stelle des Felsens, wo der Baum stehen soll. Streuen Sie dann eine dünne Schicht feiner Deckerde über den Torf. Danach setzen Sie den Baum auf den Felsen, bedecken den Ballen abermals mit Deckerde und verteilen darauf noch eine Schicht Torfmull. Wenn Stein und Baum sehr klein sind, verzichtet man normalerweise auf die zweite Schicht Deckerde. Der Torf ist aus zweierlei Gründen von Vorteil: Einmal erleichtert er es, die Wurzeln zu befestigen und damit den Baum zu stabilisieren, zum anderen dient er als Grundlage für eine spätere Moosschicht. Für kleinere Arrangements wird eine Torfschicht allein genügen, wohingegen bei einem größeren Baum mit einem umfangreichen Wurzelsystem soviel Deckerde wie möglich aufgetragen werden sollte.

Fixieren der Wurzeln

Drücken Sie den Torf sorgfältig mit einem Stäbchen fest, aber ohne daß dabei der Baum in seiner Lage verändert wird. Umwickeln Sie

dann die freiliegenden Drähte mit Papierstreifen (Zellstoff ist ideal) und biegen Sie sie so in die Torfschicht (aber nicht mit roher Gewalt), daß sie die Wurzeln an ihrem Platz halten. Das Papier schützt nicht nur die Wurzeln, sondern bietet auch der Erde besseren Halt. Wenn Sie nur an einer kleinen Pflanzung arbeiten, können Sie eine dicke Schicht Sphagnum-Moos unter die Drähte schieben, anstatt diese mit Papier zu umwickeln. Betrachten Sie dann alles in seinen Einzelheiten und bedecken Sie den Draht mit Trof, wo er noch zu sehen ist.
Wenn Sie übrigens Schwierigkeiten haben sollten, Ihre Felsenpflanzung so oft zu wässern, wie das nötig wäre, können Sie mehrere, längere Stücke Sphagnum so in den Torf hineindrücken, daß sie bis in das mit Wasser gefüllte Gefäß hinabreichen. Auf diese Weise kann das Moos gewissermaßen als Docht dienen, der die Wurzeln immer noch mit soviel Wasser versorgt, daß sie nicht vollkommen austrocknen, wenn Sie einmal oder auch zweimal mit dem Wässern aussetzen müssen.

Letzte Handgriffe

Da die Oberfläche des Torfes jetzt noch flach und uninteressant wirkt, sollten Sie sie mit den Fingern oder einem Stäbchen so strukturieren, daß sie zu den Formen des Felsens paßt. Sprühen Sie dann ganz vorsichtig Wasser über den Torf und das Laubwerk, ohne dabei den Torf wegzuspülen. Legen Sie dann grünes Moos auf seine Oberfläche, bevor diese wieder trocknen kann. An steileren »Abhängen« sichern Sie die Moosstückchen mit Drahtklammern ab.
Zum Schluß sprühen Sie die Oberfläche des Felsens mit Wasser sauber, wässern das ganze Arrangement noch einmal und stellen es dann in die vorgesehene Schale mit Wasser.

Felsen-Gruppenpflanzungen

Bei einer Felsen-Gruppenpflanzung werden viele sehr kleine Jungpflanzen auf einen relativ großen Stein gepflanzt. Im Endeffekt erscheinen dann die Bäumchen und der Stein größer, als sie in Wirklichkeit sind und es entsteht eine wunderschöne Landschaft.
Die Methode und die Regeln des Pflanzvorgangs sind die gleichen wie beim Pflanzen in ein normales Gefäß. Die einzige Sonderaufgabe liegt darin, die Formen des Felsens geschickt auszunützen. Wenn dann alle Jungpflanzen richtig durchwurzelt sind, besitzen Sie eine Landschaft, die von Anfang an überaus attraktiv ist.

Kombination mehrerer Felsenpflanzungen

Man kann einen sehr interessanten Effekt dadurch erzielen, daß man einige kleinere Arrangements zusammen in eine große Schale stellt. Sie müssen natürlich wieder die Regeln der Raumaufteilung beachten und die Felsenpflanzungen in der Schale so anordnen wie Sie auch Steine allein in ein Gefäß setzen würden.

Umpflanzen

Auch der karge Boden auf einem Felsen genügt vollauf, einen Baum am Leben zu halten, wenn nur die Wasser- und Düngerversorgung ausreichend ist. Da sich die Wurzeln nicht zu einer großen Länge entwickeln können, wächst der Baum langsam und bildet einen dikken Stamm. Die Haarwurzeln entwickeln sich auf einem Felsen besonders gut, begünstigt durch die meist idealen Temperaturen des Steines und seine bessere Wasserabführung. Vor allem Kiefern gedeihen besonders gut auf Felsen, vielleicht deshalb, weil ihre natürliche Umgebung oft steinigen Untergrund aufweist.
Gerade wegen des reichen Wachstums der Haarwurzeln ist es recht schwierig, Saikei-Felsenpflanzungen umzupflanzen, und deshalb

versuchen wir es meist auch gar nicht. Die feinen Wurzeln lassen sich nicht von der rauhen Steinoberfläche lösen und müßten also buchstäblich abgerissen werden. Nur selten übersteht ein Baum eine solche Mißhandlung. Wenn der Baum nach 5 oder 10 Jahren seine Kraft verlieren scheint, sollten Sie versuchen, soviel Erde wie möglich abzulösen, indem Sie sie mit einem Stäbchen zwischen den Wurzeln herausarbeiten. Beschneiden Sie die Wurzeln, die dabei entblößt werden, fügen Sie frische Erde hinzu und zum Schluß wieder Torf und Moos.
Manchmal wird ein Baum doch so groß, daß er in keinem vernünftigen Verhältnis mehr zu seinem Felsen steht. In diesem Fall müssen Sie die Pflanze herunternehmen und umpflanzen. Weil der Baum groß und stark ist, wird er mit einiger Wahrscheinlichkeit diese Behandlung überstehen. Sie sollten ihn natürlich so vorsichtig wie möglich herunternehmen. Das Wurzelsystem wird nicht besonders ausgedehnt sein, und Sie sollten nur lange, schnurartige Wurzeln zurückschneiden, bevor sie umpflanzen. Gehen Sie also nicht so forsch vor wie bei einem Baum, der in einem Gefäß gewachsen ist. Nachdem Sie den Baum vom Felsen genommen haben, sollten Sie ihn gleich wieder auf einen anderen Stein oder in eine Schale pflanzen.

Aufbau einer Felsenpflanzung

Unsere Absicht besteht darin, einen Baum auf einen Felsen zu pflanzen, um eine natürliche Szenerie zu schaffen. Diese Technik bringt mehrere praktische Schwierigkeiten mit sich. Wenn man es aber richtig macht, lassen sich sehr eindrucksvolle Resultate vorweisen. Wir wollen die Herstellung einer Felsenpflanzung anhand der Bildserie verfolgen.
Als Rohmaterialien benötigen wir eine Kiefer, Moos, einen Felsen, Deckerde, Sphagnum und Torf. Bei der Kiefer handelt es sich um eine dreijährige Jungpflanze (1).

An Werkzeugen brauchen wir eine scharfe Schere zum Beschneiden, eine Drahtschere, Stäbchen, einen kleinen und einen großen Meißel, Hammer, Draht und Bleistückchen (Angelgewichte) (2).
Wenn der Baum sich noch in seinem Topf befindet, bestimmen wir Vorderseite und Ausrichtung von Baum und Stein, außerdem legen wir die Position des Baumes auf seinem Stein fest (3).
Der Draht wird an einem Bleistückchen befestigt, wie auf dem Foto zu sehen ist. In diesem Fall sind die Drähte etwa 20 cm lang, anson-

1

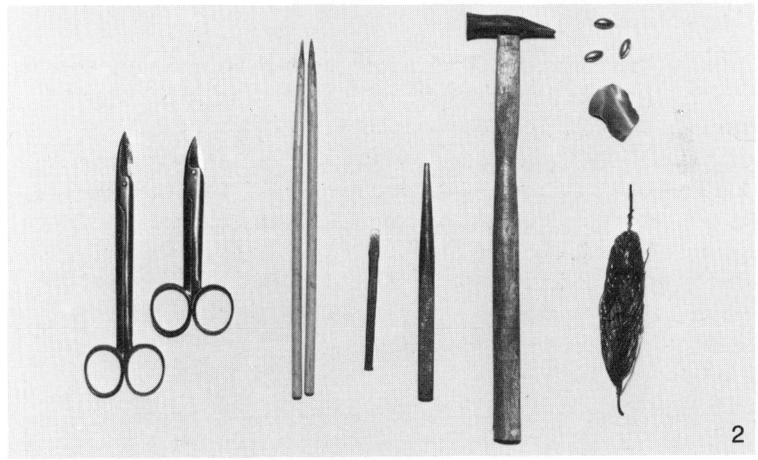

2

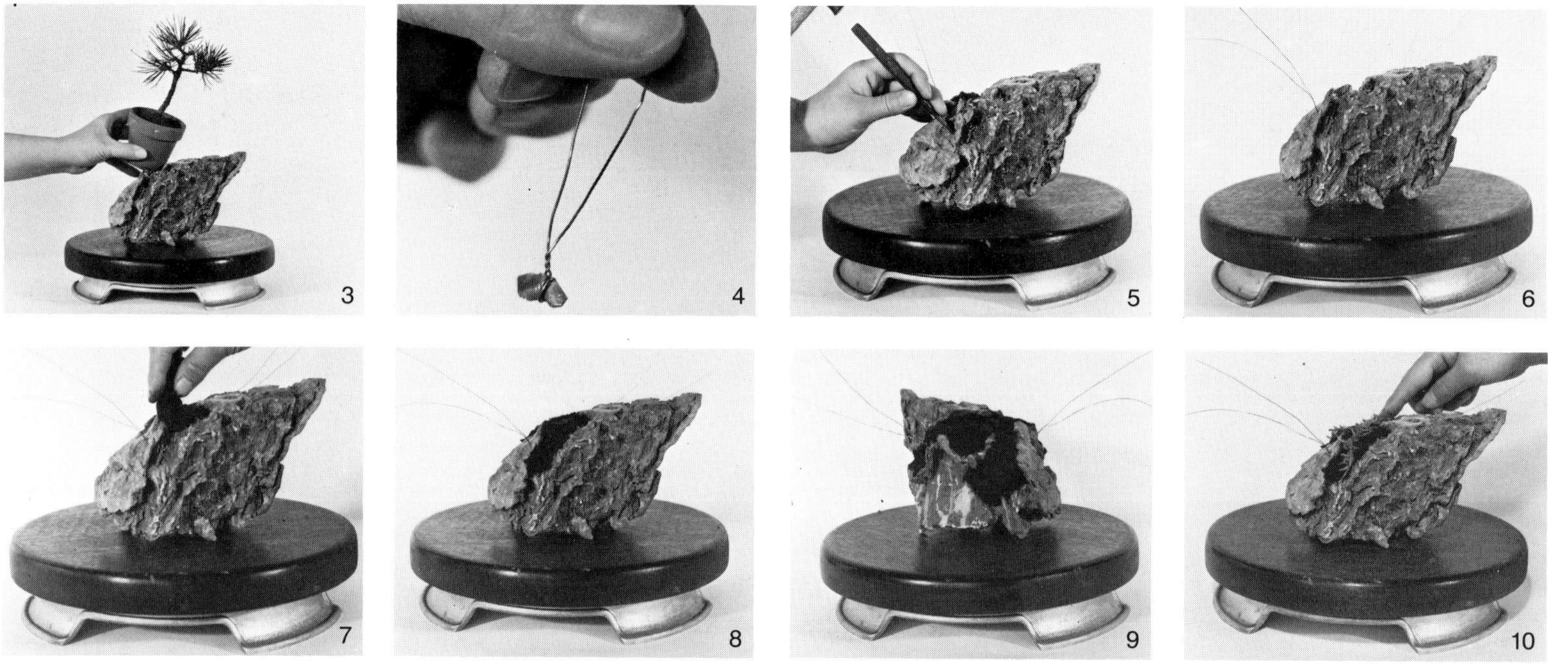

3 4 5 6 7 8 9 10

sten aber ist das vom Einzelfall abhängig. Sie werden bald lernen, wieviel Draht Sie brauchen; vorerst ist es natürlich besser, den Draht eher zu lang als zu kurz zu schneiden (4).
Nun treiben wir das Blei mit einem Meißel in eine Höhlung des Felsens, möglichst nahe der Stelle, wo der Baum gepflanzt werden soll. Setzen Sie den Baum nicht direkt in eine Felsspalte, weil dadurch die Schönheit des Steines gemindert werden könnte. Pflanzen Sie den Baum lieber auf eine weniger attraktive Stelle (5).
Wenn es sich um einen kleinen Felsen handelt, etwa wie der hier abgebildete, werden Sie an zwei verschiedenen Punkten Drähte befestigen müssen; bei einem großen sind vielleicht auch drei oder vier notwendig (6).
Drücken Sie nun eine dünne Schicht gut angefeuchtete und gekneteten Torfes auf die Stellen, wo die Wurzeln verlaufen werden (7).
Auf der Vorderseite des Felsens ist dann wenig Torf zu sehen (8).
Auf der Rückseite ist die Torfschicht größer. Da wir nicht die Vorderseite des Felsens mit Torf verdecken wollen, müssen wir die meisten Wurzeln auf der Rückseite verlegen (9).
In kleinen Abständen werden feuchte Sphagnum-Stücke auf dem Torf verteilt (10).

11

12

13

14

15

16

17

18

Streuen Sie Deckerde über den Torf. Wenn Sie die Erde leicht anfeuchten, rutscht sie nicht wieder herunter (11).
Nehmen Sie den Baum aus dem Topf und setzen Sie ihn noch einmal auf den Stein, um erkennen zu können, wieviel Ballenerde entfernt werden muß (12).
Lockern Sie nur den Teil des Ballens auf, der mit dem Stein in Berührung kommt. Lösen Sie nicht mehr Erde als nötig (13).
Jetzt werden die Wurzeln beschnitten. Nur sehr lange oder untereinander verknotete Wurzelteile werden weggenommen. Beschneiden Sie keine Haarwurzeln (14).

Setzen Sie nun den Baum auf den Felsen und verteilen Sie die feinen Wurzeln gleichmäßig auf dem Torf (15).
Streuen Sie Deckerde über die Wurzeln und bedecken Sie sie dann mit einer dünnen Schicht Torf (16).
So sieht die Rückseite des Felsens mit der Torfschicht dann aus (17).
Unsere Pflanzung ist nur klein. Wir drücken deshalb Sphagnum so auf die Torfschicht, daß die Drähte darauf ruhen und nicht die Wurzeln beschädigen. Bei einem größeren Arrangement ist es besser, Papier um die Drähte zu wickeln (18).
Das Sphagnum wird fest, aber vorsichtig in den Torf gedrückt (19).

19

20

21

22

23

24

25

26

Jetzt wird der Draht so über dem Torf zusammengebogen, daß sich zwei Stücke Draht überkreuzen. Winden Sie die Drähte einmal umeinander (20).
Überkreuzen Sie zwei weitere Drähte auf die gleiche Weise. Sie haben jetzt den Baum mit zwei Paaren gekreuzter Drähte abgesichert (21).
Kneifen Sie die langen Drahtenden ab. Schneiden Sie dann den verbleibenden Draht in kleine Stücke und biegen Sie diese in die Form von Haarklammern. Drücken Sie diese kurzen Klammern an mehreren Stellen in den Torf, sie werden die Drähte beim Absichern des Baumes unterstützen. Alle sichtbaren Drahtteile werden mit Torf versteckt. Formen Sie dann mit den Fingern oder den Stäbchen Konturen in die Oberfläche.(22)
Als nächstes schichten Sie grünes Moos über den Torf (23).
Die Moosdecke liegt zunächst nur auf (24).
Stecken Sie nun das Moos mit kleinen Kupferklammern fest. Die Klammer soll jeweils in der Mitte eines Moosstückchens sitzen, die Ränder werden dann mit dem Stäbchen in den Torf gedrückt (25).
Wässern Sie dann vorsichtig, aber durchdringend mit einer Gießkanne oder einer Sprühflasche (26).

27

28

Reinigen Sie den Felsen mit einer kleinen Bürste. Eine Zahnbürste beispielsweise ist ideal (27).
Streuen Sie eine dünne Schicht weißen Sandes in dem Gefäß aus, gießen Sie Wasser dazu und stellen Sie den Felsen an seinen Platz. Das Arrangement ist nun fertig. In diesem Fall beträgt die Gesamthöhe etwa 60 cm (28).

Aufbau einer Felsen-Gruppenpflanzung

Wir verwenden drei kleine dreijährige Ahornbäumchen und werden diese auf einen ziemlich flachen Stein pflanzen (1).
Wir brauchen dazu Sphagnum (unten), feinkörnige Deckerde (rechts), grünes Moos (oben) und Torf (links) (2).
Setzen Sie die Bäumchen auf den Felsen und verrücken Sie sie so lange, bis Sie eine Entscheidung über Vorderseite und Ausrichtung getroffen haben und mit dem Gesamteindruck zufrieden sind (3).
Nun bringen Sie an drei Stellen – ungefähr dort, wo die Wurzeln verlaufen werden – Drähte an (4).
Legen Sie eine dünne Schicht Torf auf, darauf wiederum Sphagnum und streuen Sie schließlich Deckerde darüber (5).

Lockern Sie die Wurzelballen auf und bringen Sie die Bäume in Position (6).
Verteilen Sie die Deckerde über den Wurzeln und fügen Sie dann die Torfschicht hinzu. Drücken Sie dort Sphagnum in die Oberfläche, wo die Drähte verlaufen (7).
Befestigen Sie die Drähte wie oben erklärt und bringen Sie gezielt Strukturen in die Oberfläche des Torfes. Bei dieser Landschaft liegen die Wurzelansätze des mittleren Baumes frei (8).
So sieht die Pflanzung von der Rückseite aus (9).
Das Arrangement erhält nun die Moosdecke (10).
Wässern Sie vorsichtig aber durchdringend (11).
Säubern Sie den Felsen (12).
Das Arrangement ist fertig. Die Äste der Bäume sind vor dem Pflanzen gedrahtet worden, sie können also jetzt so zurechtgebogen werden, daß sie mit der Ausrichtung des Steines harmonieren. Die Höhe dieser Landschaft beträgt ungefähr 30 cm (13).

1

2

3

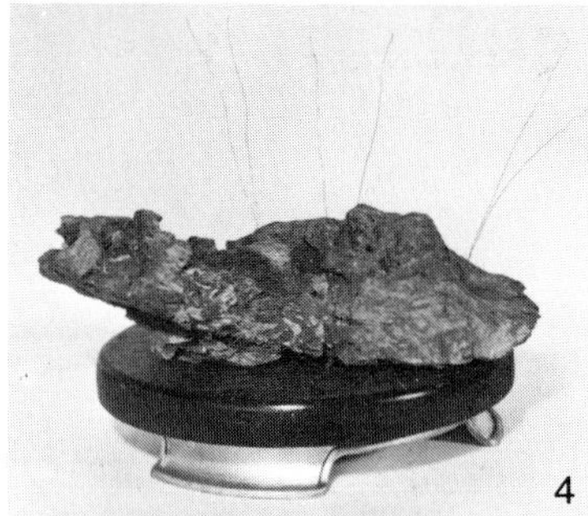
4

5

6

7

8

9

10

11

12

13

Anzucht von Jungpflanzen

Gewöhnlich ist eine Jungpflanze nicht schon von sich aus schön – für Saikei verwendet, ist sie aber nur ein Teil einer Landschaft. Junge Bäume aus einer Baumschule sind natürlich gut zu gebrauchen, viele Arten können aber auch selbst herangezogen werden, und das sogar von Anfängern; außerdem kann in der Anzucht von eigenen Pflanzen auch ein Teil der Freude an Saikei bestehen.
Auch das Abmoosen und die Methoden des Pfropfens werden in diesem Kapitel erläutert; beide Techniken verlangen aber eine ganze Menge praktischer Erfahrung sowie Geduld und sind deshalb eigentlich nur etwas für den Fortgeschrittenen.

Anzucht aus Samen

Normalerweise ist die Arbeit mit Sämlingen kaum befriedigend, weil man recht lange warten muß, bevor sie wirklich zu gebrauchen sind. Für die Zwecke von Saikei reichen jedoch etwa 2 Jahre, bis die Sämlinge groß genug sind. Darüber hinaus können Sie natürlich, wenn Sie zu den Bonsai-Enthusiasten gehören, sehr schöne Landschaften mit den zweijährigen Pflanzen zusammenstellen und ganz nebenbei – nämlich dann, wenn diese zu groß für eine Saikei-Landschaft geworden sind – bonsai-geeignete, alte und große Bäume »ernten«. Wenn Sie nämlich Sämlinge für Bonsai heranziehen, sind diese vor Ablauf von 5 oder 6 Jahren zu gebrauchen. Auf diese Weise eröffnet Saikei für alle Bonsai-Liebhaber eine neue Dimension.

Ein weiterer Vorteil von Sämlingen besteht darin, daß sie ganz gerade wachsen und von Anfang an durchgeformt werden können. Außerdem können Sie sie in den Mengen heranziehen, die Ihren speziellen Zwecken genügen. Sie können wohl in der Natur kaum genügend Pflänzchen finden, denn die, die man findet, haben oft eine ungünstige Form.

Zeitpunkt zur Aussaat

Da die meisten für Saikei verwendeten Bäume Koniferen sind, sollten sie im zeitigen Frühjahr in eine Schale gesät werden. Wenn Sie die Samen in einer anderen Jahreszeit bekommen und sie bis zum Frühjahr aufheben müssen, tun Sie am besten daran, sie in Tücher zu wickeln und sie tief genug einzugraben, damit sie durch den Frost keinen Schaden erleiden. Hier haben sie bis zum Frühjahr die richtige Feuchtigkeit.

Vorbereitung der Erde

Für die Saatschale ist eine 5–8 cm dicke Erdschicht empfehlenswert. Während die Bodenschicht am besten aus sehr grobem Sand besteht, sollte der übrige Teil ziemlich feinkörnig sein.
Die Samen sollten in einer Tiefe liegen, die etwa dem Dreifachen ihres Durchmessers entspricht. Lassen Sie auch genügend Platz zwischen den einzelnen Samen, damit sich die Zweige richtig entfalten können, wenn die Sämlinge größer werden (1).
Nach der Aussaat sollte man die Erdoberfläche mit einer dünnen Schicht fein zerriebenen Sphagnum-Mooses eindecken. Diese hält die Feuchtigkeit und beschleunigt dadurch die Keimung (2).
Um ganz sicher zu gehen, daß die Samen auch keimen, weicht man sie einen Tag lang vorher in Wasser ein. Wenn einige von ihnen am nächsten Morgen an der Wasseroberfläche treiben, kann man diese wegwerfen. Die keimfähigen Samen gehen nämlich unter.

Pflege nach der Aussaat

Nach der Aussaat wässern Sie gründlich und stellen die Schale an einen schattigen Ort. Von jetzt an wässern Sie nur, wenn die Oberfläche trocken zu werden beginnt. Ideal ist es, wenn Sie die Erde konstant leicht feucht halten können.
Nach annähernd 6 Monaten haben die Sämlinge kräftige Wurzeln ausgebildet. Langsam keimende Bäume, wie etwa die Mädchenkiefer, brauchen bis zu 1 Jahr. Sie dürfen auf keinen Fall düngen, bevor die Sämlinge ans Licht kommen. Wenn es soweit ist, können Sie ein wenig Dünger verabreichen und den Topf an einen sonnigen und luftigen Platz stellen. Lassen Sie ihn dort etwa 1 Jahr lang stehen. Wenn die Sämlinge kräftig sind, müssen Sie eine Auslese treffen und nur die besten stehen lassen (3).
Nachdem die Sämlinge etwa 1 Jahr in der Sonne gestanden haben, pflanzen Sie wiederum die kräftigsten einzeln in kleine Töpfe. Beim Umpflanzen schneiden Sie etwa die Hälfte der Hauptwurzel ab, lassen aber die anderen Wurzeln unberührt. Bieten Sie den Pflänzchen

Unten: Ein-, zwei- und dreijährige Kiefernstecklinge (von links nach rechts).

etwa 10 Tage lang Schatten, bevor sie wieder in die Sonne kommen. Wenn es zur Zeit des Umpflanzens sehr heiß sein sollte, müssen Sie die Sämlinge noch länger vor direkter Sonneneinstrahlung schützen. Die ideale Zeit zum Umpflanzen liegt natürlich im Frühjahr.
Nach 1 Jahr sind die in einzelnen Töpfen gezogenen Sämlinge bereits für Saikei-Landschaften geeignet.

Für die Anzucht aus Samen geeignete Gehölze

Mädchenkiefer, Schwarzkiefer, Rotkiefer, Ajanfichte, Pfirsich, Dreispitz- und Fächerahorn, Buche, Granatapfel, Ginkgo, Sicheltanne, Chinawacholder, Scheinzypresse, Felsenmispel, Japan-Aprikose, Stechpalme, Sumach, Kamelie, Wildapfel, Pflaume.

Vermehrung durch Stecklinge

Durch Stecklinge vermehrt man, indem man kurze Triebe von einem großen Baum schneidet und diese dann in Erde bewurzeln läßt. Wenn Sie einen großen Baum beschneiden, fällt gewöhnlich eine Menge Stecklingsmaterial an.

Arbeitsvorgang

Stecklinge sollten im Frühjahr geschnitten werden, wenn die Mutterpflanze kräftig ist. Die richtige Länge für einen Steckling beträgt 5–8 cm mit mehreren Blättern am oberen Ende. Er wird mit einer scharfen Schere von der Mutterpflanze geschnitten und dann 30 Minuten lang in eine Schale mit Wasser gelegt. Meist ist es empfehlenswert, den Schnitt direkt unterhalb einer Blattachsel zu machen, um die Wurzelbildung zu beschleunigen (siehe Zeichnung).
Vor dem Stecken entfernen Sie alle Blätter, die sich unter der Erdoberfläche befinden würden; außerdem dünnen Sie das Laub etwas aus, wenn es zu dicht wächst, auf keinen Fall aber dürfen Sie die Spitze des Stecklings abschneiden. Wenn der Steckling zu viele Blätter hat, wird er beim Wässern kopflastig und steht nicht mehr gerade. Als nächstes schneiden Sie den Stengel unten schräg an. Der Steckling wird so eingepflanzt, daß ein Drittel bis die Hälfte seiner Gesamtlänge unter der Erdoberfläche ist. Wenn der Stiel sehr dick ist, oder wenn die betreffende Pflanze ohnehin nicht so schnell Wurzeln treibt, sollten Sie ihn vor dem Einstecken mit Bewurzelungshormonen behandeln. In Japan wird der Fuß des Stecklings durch das Umhüllen mit rotem Lehm vorbehandelt (siehe Zeichnung).
Wie schon erwähnt, sollten Stecklinge im Frühjahr geschnitten werden. Diese Zeit ist in jedem Fall dort empfehlenswert, wo das Frühjahr sehr regenreich ist. Allgemein ist die beste Zeit dann gekommen, wenn sich die frischen Knospen schon ein wenig entwickelt haben. Wenn der Steckling von einer großblättrigen Pflanze kommt, sollten Sie von den meisten Blättern die Hälfte abschneiden, weil sonst der Steckling durch Verdunstung zu viel Feuchtigkeit verliert.

Die meisten Bäume liefern reichlich Material zum Stecken. Jeder Steckling darf nicht länger als 15 cm sein (A). Machen Sie einen schrägen Schnitt wie hier gezeigt X (B). Pflanzen Sie den Steckling leicht schräg ein und entfernen Sie alle Blätter, die den Boden berühren würden. Ein Drittel der Länge des Stecklings soll unter der Erde liegen (C).

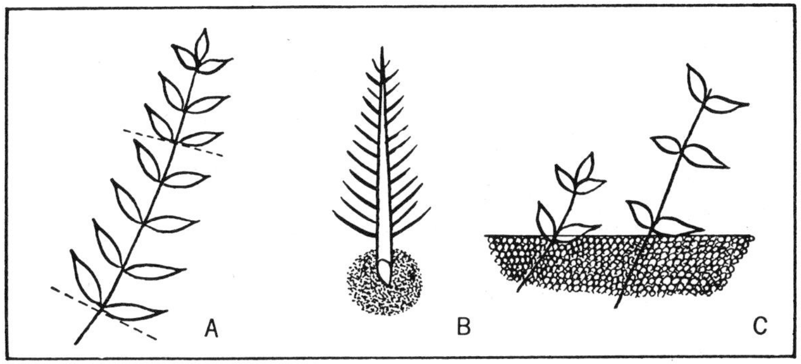

Erden und Gefäße

Eine für Saikei geeignete Erdmischung besteht aus hellem Ton, Sand und Laub- oder Walderde zu gleichen Teilen, wobei jeder Bestandteil für sich schon feinkörnig sein muß. Sie sollten in eine relativ flache Schale stecken und deren Boden zunächst mit einer Schicht groben Sandes bedecken. Die Erde muß einerseits gut wasserabführend sein, andererseits aber auch eine gewisse Menge an Feuchtigkeit speichern können. Deshalb sind wohl alle gängigen Erdmischungen, die diese Qualitäten aufweisen, geeignet. Außerdem sind eine Menge der heutzutage synthetisch hergestellten Stoffe zum Beimengen empfehlenswert. Die meisten von ihnen halten aber für gewöhnlich die Feuchtigkeit sehr lange, so daß Sie bei ihrer Verwendung mit dem Wässern vorsichtig sein müssen.

Pflege

Stecklinge, die im zeitigen Frühjahr eingesetzt werden, müssen für die erste Zeit im Zimmer oder in einem Miniatur-Gewächshaus gehalten werden, um sie vor kalten Winden und Regen zu schützen. Sie sollten niemals dem direkten Sonnenlicht ausgesetzt werden. Eine hohe Luftfeuchtigkeit ist dabei von einiger Bedeutung. In tropischen oder subtropischen Klimazonen richtet man sich deshalb auch gerne nach den regenreichen Jahreszeiten im Frühjahr oder Frühsommer. Bemühen Sie sich in jedem Fall darum, die Blätter der Stecklinge immer feucht zu halten. Der feine Nebel einer Sprühflasche ist ideal für diesen Zweck. Um die Stecklinge an der frischen Luft vollkommen vor dem Sonnenlicht zu schützen, sollten Sie sie tagsüber mit einer Schilfmatte oder ähnlichem schattieren; über Nacht muß dieser

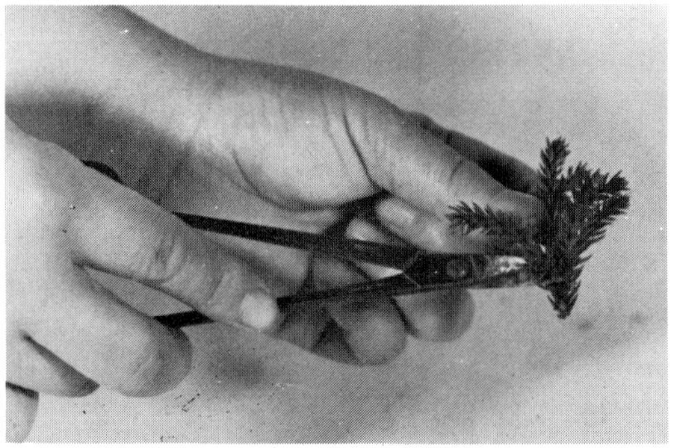

Die besten Stecklinge bestehen normalerweise aus den Spitzen von ein- oder zweijährigen Zweigen (linkes Bild). Machen Sie den Schnitt mit einer scharfen Schere und entfernen Sie alles Laub, das nach dem Stecken unter der Erdoberfläche läge (oben).

So macht man mit einem Bleistift oder ähnlichem die Löcher zum Stecken. Versuchen Sie, ungefähr den dargestellten Winkel zu erzielen und Stecken Sie nicht zu dicht.

Schutz aber entfernt werden, damit die Stecklinge vom Tau benetzt werden können.
Sie dürfen natürlich nicht erwarten, daß alle Ihre Stecklinge tatsächlich Wurzeln schlagen, aber nach etwa 2 Wochen bekommt man schon einen ungefähren Überblick, wieviele überleben werden: nämlich die, die ihre Farbe behalten, während die anderen braun werden und ihre Blätter verlieren. Etwa 1 Monat nach dem Stecken werden die gesunden Stecklinge zu treiben beginnen. Bei diesen Pflänzchen kann man sicher sein, daß sie Wurzeln geschlagen haben. Bis zu diesem Zeitpunkt darf kein Dünger verabreicht werden. Schattieren Sie weiter und halten Sie die Blätter immer feucht. Wässern Sie den Boden nicht zu stark, aber halten Sie ihn ebenfalls ständig feucht.
Sobald frische Triebe erscheinen, stellen Sie die Stecklinge an einen sonnigen Platz und pflegen sie wie andere Saikei-Pflanzen auch. Im nächsten Frühjahr können die Stecklinge in einzelne Töpfe umgesetzt werden.
Es wird zwar noch ein weiteres Jahr dauern, bis sie groß genug für den Saikei-Gebrauch sind, dann aber werden Sie wundervolle Pflanzen haben – und das wahrscheinlich im Überfluß, wenn Sie reichlich Stecklinge geschnitten haben.
Es ist schwer, eine Prozentzahl für die Überlebenschancen der Stecklinge zu nennen, denn diese ist natürlich abhängig von der jeweiligen Baumart und Ihrem eigenen Geschick. Mit einiger Sicherheit sind es aber mindestens 25%, vielleicht sogar 50%. Wenn Sie diese Zahlen beim Stecken berücksichtigen, sollten Sie nach 2 Jahren eigentlich genügend Rohmaterial besitzen.

Für die Vermehrung durch Stecklinge geeignete Gehölze

Sicheltanne, Scheinzypresse, Igel- und Chinawacholder, Fichte, Glockenjasmin, Azalee, Felsenmispel, Chinesische Ulme, Quitte, Granatapfel, Rosen, Gardenie, Dreispitzahorn, Weide, Kamelie.

Sammeln von Jungpflanzen

Unter den wildwachsenden Pflanzen der Wälder und Berge können Sie viele für Saikei geeignete Jungpflanzen entdecken. Größere Bäume sind nicht so zu empfehlen, denn es ist schwierig sie auszugraben, und Sie können wohl nur selten soviel vom Ballen erhalten, wie zum Überleben notwendig wäre.
Nehmen Sie am besten also nur zwei- oder dreijährige Pflanzen. Von Natur aus zwergwüchsige Pflanzen sind auch mit bis zu 4 Jahren noch erfolgversprechend.
Die beste Zeit zum Sammeln kommt im Frühjahr, gerade bevor sich die neuen Knospen öffnen. Der Winter ist nur bedingt empfehlenswert, denn die Temperatur darf nicht zu niedrig sein.

Stechen Sie den Ballen so groß wie möglich aus und nehmen Sie den Baum vorsichtig heraus (A). Schneiden Sie lange Wurzeln zurück und kappen Sie die Hauptwurzel wie dargestellt, wenn sie zu lang ist. Beschneiden Sie auch lange Äste X (B). Wickeln Sie den Ballen in feuchtes Papier und Plastikfolie und festigen Sie die Verpackung mit einem Bindfaden. Seien Sie beim Transport so vorsichtig wie möglich (C).

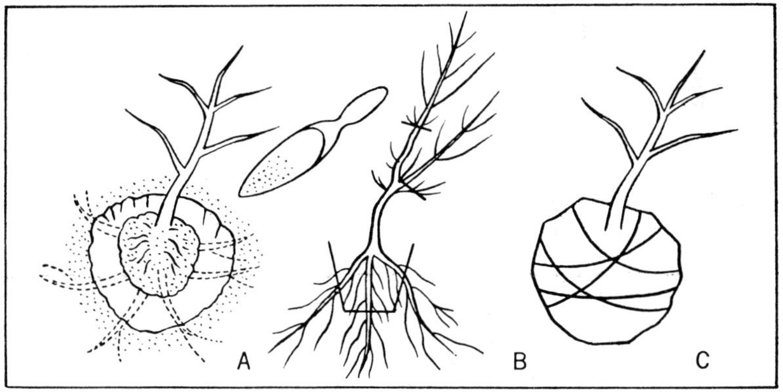

Arbeitsverlauf

Der Baum muß sehr vorsichtig ausgegraben werden. Auch der kleinste Baum darf nicht einfach gewaltsam aus dem Boden gerissen werden, weil sonst die feinen Haarwurzeln ganz verloren gehen oder beschädigt werden, so daß der Baum eingehen muß. Die Aufgabe besteht also darin, soviele Wurzeln wie möglich zu erhalten, indem man eine ausreichende Menge Erde und den Großteil des Wurzelballens herausnimmt. Wenn die Wurzeln sehr tief in den Boden hinabreichen, können Sie die Hauptwurzel mit einem scharfen Messer kappen. Achten Sie aber darauf, daß ein gutes Stück ihrer Gesamtlänge erhalten bleibt (siehe Zeichnung).
Sobald Sie den Ballen aus dem umliegenden Erdreich gelöst haben, müssen Sie ihn mit nassem Sphagnum oder Zeitungspapier bedecken und anschließend noch mit einer Kunststofffolie umhüllen. Der Baum muß jetzt immer feucht gehalten und vor Sonne und Wind geschützt werden. Außerdem sollten Sie besonders lange oder kräftige Äste, sowie alle frischen Austriebe am Stamm abschneiden, da diese dem Baum die meiste Kraft rauben.

Pflege nach dem Ausgraben

Der Baum soll nun so schnell wie möglich eingetopft werden. Eine Erdmischung aus hellem Ton und Sand ist am geeignetsten. Auch feinkörnige Deckerde, also Laub- und Waldboden, ist recht gebräuchlich. Es mag zwar schwer sein, den ganzen Wurzelballen zusammenzuhalten, ein Teil davon wird auch beim Eintopfen abfallen. Pflanzen Sie dennoch so vorsichtig, daß der Ballen so weit wie möglich zusammenhält.
Wenn die Hauptwurzel relativ dick ist, muß sie schräg abgeschnitten werden. Begutachten Sie dann den Baum noch einmal eingehend und entfernen Sie alle überflüssigen Äste. Halten Sie den Baum nun mindestens 1 Jahr lang in diesem Topf und pflegen Sie ihn genau wie andere Bäume auch. Handelt es sich um einen gesunden Baum, wird er innerhalb von 6 Monaten neue Wurzeln getrieben haben. Ist er zu schwach, zeigt sich das noch, bevor das Jahr vorüber ist. Auch den gesunden Baum sollten Sie dann möglichst nochmals 1 Jahr in demselben Topf belassen, bevor er für den Saikei-Gebrauch kräftig genug ist. Beschneiden Sie jedoch regelmäßig allzu lang gewordene Äste.

Gehölze, die in der Natur gesammelt werden können

Nahezu jede Gehölzart eignet sich für das Ausgraben, besonders empfohlen wird (innerhalb der japanischen Landschaft) die Liste der Gehölze, die auch bei der Samen- und Stecklingsvermehrung aufgeführt wird.

Vermehrung durch Teilen

Der Vorteil dieser Methode besteht darin, daß man relativ schnell eine brauchbare Saikei-Pflanze erhalten kann. Gehölze treiben nämlich manchmal einen Ast genau in Höhe der Erdoberfläche, und mit der Zeit wird dieser Ast an der Stelle Wurzeln treiben, wo er die Erde berührt. Solche Bäume lassen sich später teilen. Warten Sie aber mindestens 5 Jahre mit der Teilung, denn der größte Wert dieser Methode liegt ja darin, einen kleinen, aber schon gealterten Baum zu erhalten. Je älter der Baum ist, desto größer ist sein Wert für eine Saikei-Landschaft.
Die ideale Jahreszeit zum Teilen hängt von der jeweiligen Baumart ab. Normalerweise beginnt man damit am besten kurz bevor die neuen Knospen sich öffnen. Ausnahmen sind die Quitte, die im September geteilt werden sollte, und die Azaleen, die gleich nach der Blüte geteilt werden können.

1 Die Pflanze, die geteilt werden soll
2 Lockern Sie den Ballen mit einem Stäbchen
3 Machen Sie saubere Schnitte
4 Die Teilung ist vollzogen
5 Die beiden eingetopften Bäume.

Arbeitsvorgang

Betrachten Sie zunächst so sorgfältig wie möglich den Aufbau des Wurzelsystems, um festzustellen, ob das Wurzelwachstum des betreffenden Astes ausgeprägt genug erscheint, einen ganzen kleinen Baum zu ernähren. Legen Sie die Hauptwurzel frei, achten Sie aber darauf, dabei keine Haarwurzeln zu beschädigen. Wenn die Wurzel sehr lang ist und in keinen Topf passen will, können Sie sie zurückschneiden. Wenn Sie die Teilung in den Bergen oder überhaupt außerhalb Ihres Grundstücks vornehmen müssen, sollten Sie beim Transport sehr vorsichtig sein; der Ballen wird auch in diesem Fall sofort mit feuchtem Sphagnum und dieses dann mit einer Kunststoffolie umwickelt.

Gehölze, die man teilen kann

Zu den bekanntesten gehören Quitte, Rosen, Azaleen, Glockenjasmin, Gardenie, Stechpalme, Bambus.

Abmoosen

Wildwachsende Bäume entwickeln oft Äste, die eine interessante Form besitzen und für sich allein einen schönen Baum für Saikei abgeben würden. Vielleicht haben Sie je auch einen Bonsai, der einen viel zu langen Stamm, aber eine gute Krone zeigt und deshalb mit dem kürzeren Stamm wesentlich attraktiver wäre. Beim Abmoosen wird der Baum veranlaßt, an einer bestimmten Stelle neue Wurzeln zu treiben, worauf sich der gewünschte Gehölzteil von der Mutterpflanze gefahrlos abtrennen läßt.
Das Abmoosen bringt in einer kurzen Zeit gutes Pflanzenmaterial für Saikei-Arrangements, verlangt aber etwas mehr Zeit als das Teilen.

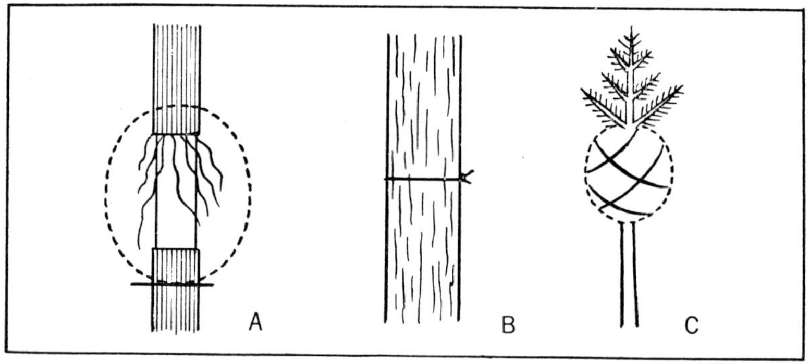

Entfernen Sie die Rinde auf einer Länge, die dem dreifachen Durchmesser des Astes entspricht X (A). Eine andere Methode besteht darin, einen Draht so eng um den Ast zu wickeln, daß er sich in die Rinde einschneidet (B). Welche Methode Sie auch verwenden, Sie sollten in jedem Fall die betreffende Stelle mit Schaumgummi und Folie umhüllen.

Arbeitsvorgang

Wenn Sie an einem Laubbaum arbeiten, müssen Sie zunächst mit einem scharfen Messer rund um den Ansatz des betreffenden Astes die Rinde abschälen. Der Schlüssel zum Erfolg liegt allein darin, wie tief Sie die Rinde entfernen. Wenn es nicht genügend ist, wird schnell neue Rinde über die Stelle wachsen, bevor sich irgendwelche Wurzeln entwickeln können. Wenn Sie zuviel Rinde abschälen, stirbt der Ast ab.
Genaueres kann man hier kaum sagen, weil die Menge an abzutrennender Rinde bei den unterschiedlichen Baumarten stark variiert, außerdem spielen die Blattanzahl und der Allgemeinzustand des Baumes eine Rolle.
Bei bestimmten Baumarten, wie etwa der Sicheltanne und der Mädchenkiefer, ist es nicht nötig, die Rinde abzuschälen. Hier genügt es, einen dicken Draht sehr fest um den Ast herumzuwinden.
Es gibt noch eine andere Methode des Abmoosens, die viel bei Kiefern angewendet wird. In diesem Fall schält man nur einen sehr schmalen Ring von der Rinde ab.
Bei jeder Methode umwickelt man die Stelle, an der man abmoost, mit feuchtem Sphagnum und hüllt dann das Moos in eine Folie, die mit einem Faden befestigt wird (siehe Zeichnung). Von jetzt an muß das Moos immer feucht gehalten werden.
Nach etwa 3 Monaten sind die neu entstandenen Wurzeln durch die Folie hindurch zu erkennen. Wenn die Wurzeln zahlreich und kräftig genug erscheinen, können Sie den Ast von der Muterpflanze absägen. Behandeln Sie ihn wie eine geteilte Pflanze, deren Pflege zuvor erläutert wurde.

Zum Abmoosen geeignete Gehölze

Alle Gehölze, die durch Stecklinge vermehrt werden können, sind auch erfolgreich abzumoosen. Außerdem noch empfehlenswert sind

Zelkova, Fächerahorn und Mädchenkiefer. Die günstigste Jahreszeit ist das späte Frühjahr.
Abnehmen von der Mutterpflanze am besten im September, wenn sich die Wurzeln schon entwickelt haben. Einige ältere Bäume werden möglicherweise 2–3 Jahre dazu brauchen; nehmen Sie also den Ast nicht ab, bevor Sie nicht sicher sind, daß genügend Wurzeln vorhanden sind.

Pfropfen

Das Pfropfen ist eine Methode, mit deren Hilfe ein neuer Stamm auf ein bereits existierendes Wurzelsystem aufgesetzt oder ein einzelner Ast an einen Baum angesetzt werden kann. Durch Pfropfen läßt sich also auch das Phänomen erklären, daß eine Pflanze in verschiedenen Farben blüht. Interessant ist die Technik des Pfropfens deshalb, weil man versuchen kann, aus der Kombination der Stärken und Schwächen sich ähnelnder Baumarten Nutzen zu ziehen. Wenn aber eine Pfropfung unfachmännisch gemacht worden ist und deshalb auffällig wird, ist der Eindruck sehr unnatürlich und zerstört die Erscheinung des Baumes. Ein ungeschickt gepfropfter Baum ist deshalb für Saikei nicht geeignet, da wir uns ja um ein natürliches Gesamtbild bemühen. Ein unnatürlicher Eindruck muß unter allen Umständen vermieden werden.
Die Techniken des Pfropfens sind für einen Anfänger schwer zu erlernen. Dennoch sollen hier zwei einfache Anleitungen gegeben werden (siehe Zeichnung). Das Pfropfen darf nur im zeitigen Frühjahr erfolgen, also im Februar/März.

Nachbehandlung

Nach dem Pfropfen soll der Baum 1 Woche lang vor Sonne und Wind geschützt im Hause stehen. Wässern Sie ihn auch häufiger als sonst üblich. In der Woche danach stellen Sie den Baum nach draußen an einen schattigen Platz und gießen ihn nur, wenn die Erde auszutrocknen droht. Sobald neue Triebe an dem aufgesetzten Stamm oder Ast zu erscheinen beginnen, können Sie den Baum in die Sonne stellen und ihn wie jede andere Saikei-Pflanze pflegen.

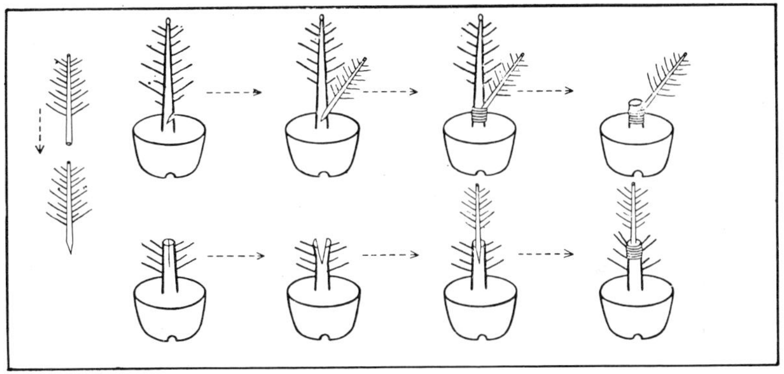

Gestaltung und Erhaltung der Baumform

Saikei zielt nicht nur auf die Anzucht und die Zusammenstellung schöner Bäume, sondern will auch mit Hilfe gewisser Techniken, die speziell auf die Anzucht von Zwergbäumen zugeschnitten sind, deren Wesensart vervollkommnen. Zunächst einmal gilt das Gebot, den Wuchs der Äste und der Blätter unter Kontrolle zu halten, um die Ausgewogenheit des Baumes zu erhalten. Manchmal ist es nötig, die Form eines Astes zu verändern, den Laubwuchs an einem bestimmten Ast anzuregen oder auch sehr dicht bewachsene Äste zu beschneiden.

Wenn wir die Form eines Astes beeinflussen, müssen wir immer die Natur im Auge behalten. Außerdem dürfen wir nicht zu viel auf einmal ändern oder eine Änderung in Eile durchführen müssen; ein Baum soll allmählich durchgeformt werden. Das Durchformen und die Wuchskontrolle geschehen aus folgenden Gründen:

- um die Entwicklung von Stamm, Ästen und Blättern in Grenzen zu halten, damit der Baum für unsere Zwecke nicht zu groß wird
- um die Ausgewogenheit innerhalb der Äste und des Laubes aufrecht zu erhalten
- um eine ansprechende Form zu schaffen, die mit der gesamten Saikei-Landschaft in Einklang steht

Beschneiden der Triebe

Die Wuchskraft eines jungen Baumes ist groß, aber der Großteil seiner Kraft und Vitalität steckt im Laubwerk im oberen Teil des Baumes. Wenn Sie den Baum unbeeinflußt wachsen lassen, wird er an diesen Stellen übermäßig zu wachsen beginnen, während die unteren Äste möglicherweise vertrocknen. Eben deshalb beschneiden wir die Triebe, um die Kraft des Baumes zu verteilen, so daß diese Kraft allen Ästen, ob nun oben oder unten, zugute kommt. Wenn Sie wahrhaft schöne Bäume erzielen wollen, dürfen Sie also das Beschneiden der Triebe nie vernachlässigen.

Wir wollen mit den Kiefern beginnen, weil sie die beleibtesten Saikei-Pflanzen überhaupt sind. Vor allem müssen die Kiefernnadeln für Saikei kurz gehalten werden, und es gibt eine Methode, die bei jungen Bäumen Erfolg hat. Überprüfen Sie Anfang Mai die neuen, hellgrünen Triebe, die gerade zu wachsen beginnen. Die schwächsten der Triebe sollten sofort abgeschnitten werden. Mitte Mai entfernen Sie noch einmal viele Triebe und lassen eigentlich nur die kräftigsten stehen, beschneiden diese aber wiederum teilweise Ende Mai. Das erscheint zunächst widersinnig, aber so läßt sich am ehesten das Gleichgewicht aufrecht erhalten. Wenn Sie nämlich die schwachen Triebe einen Monat vor den stärkeren beschneiden, haben sie so einen Monat länger Zeit, sich wieder neu zu entwickeln, bevor die Wachstumsperiode zu Ende geht. Wenn also auch die kräftigen Triebe schneller wachsen, so sollten doch starke und schwache im Herbst etwa gleich lang sein. Wenn der Baum selbst außerordentlich wuchsfreudig ist, läßt man in Japan übrigens die Triebe einfach wachsen, bis sich kleine Nadeln entwickelt haben, und schneidet erst dann radikal zurück. Der Baum treibt so etwa im September erneut aus, die Triebe aber bleiben kleiner, weil die Wuchsperiode fast schon beendet ist. In unseren Klimazonen ist diese Methode nicht zu empfehlen, da die Temperaturen ein zweites, gleichmäßiges Austreiben im Herbst kaum zulassen.

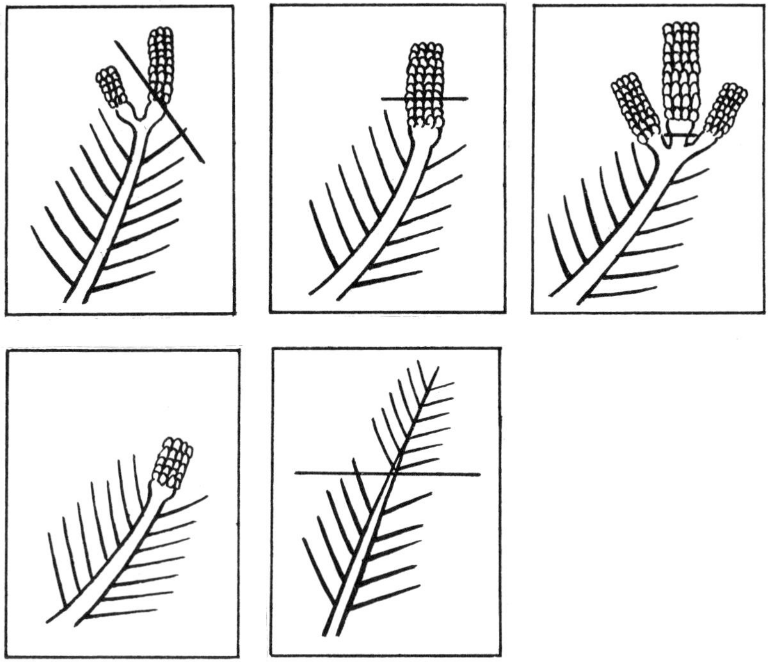

Von links nach rechts: Um den Zweig kurz zu halten, entfernen Sie den großen Trieb und belassen den anderen. Bei einem sehr kräftigen Trieb schneiden Sie ein Drittel bis die Hälfte ab. Bei mehreren kräftigen Trieben entfernen Sie den mittleren.
Von links nach rechts: Einen normal wachsenden Trieb können Sie belassen. Bei einem bereits voll entwickelten Trieb dürfen Sie nur den frischen Teil entfernen.

Mädchenkiefer

Normalerweise brauchen Sie die Triebe dieser Baumart nicht zu beschneiden. Wenn jedoch das Wachstum zu stark ist, können Sie von allen Trieben etwa zwei Drittel abschneiden, solange diese noch weich sind. Berücksichtigen Sie dabei den Zustand des Baumes und des jeweiligen Astes.

Sicheltanne, Ajanfichte, Igelwacholder

Bei diesen Bäumen sollten Sie von April bis Ende Juni häufig die Triebe beschneiden. Auch hier muß das Kürzen erfolgen, solange die Triebe noch weich sind. Die Knospen wachsen zunächst in Form von Kugeln, die dann länglicher werden, bevor sie sich zu Nadeln öffnen. Knipsen Sie mit den Fingernägeln etwa zwei Drittel der Gesamtlänge ab, während sich die Knospen in dem länglichen Stadium befinden. Achten Sie aber darauf, daß Sie nicht den ganzen Trieb abbrechen. Bei schwachen Bäumen dürfen Sie die Knospen nicht kürzen, sondern sollten nach Bedarf eher die obersten Zweige oder andere kräftige Äste so beschneiden, daß im gesamten Baum eine Ausgewogenheit entsteht.

Chinesischer Wacholder, Scheinzypresse

Beide Gehölze sind wuchsfreudig und treiben vom Frühjahr bis in den Herbst. Wann immer die Triebe zu lang werden, sollten sie beschnitten werden. Das ist ganz einfach: knipsen Sie den Teil ab, der sich seit dem letzten Trimmen entwickelt hat, und lassen Sie nur einen kleinen Teil des Triebes stehen. Versuchen Şie in jedem Fall, nicht allen Ästen die gleiche runde Form zu geben, damit der Baum im Ganzen einen interessanten Umriß bekommt. Beide Bäume sollten häufig beschnitten werden, damit das Laub dicht wächst und dadurch noch attraktiver wird.

Zelkova, Chinesischer Zürgelbaum, Dreispitz- und Fächerahorn, Chinesische Ulme

Bei diesen Bäumen werden die Triebe vom Frühjahr bis in den Herbst beschnitten, sobald sie erscheinen. Triebe sollen sich nur an den Stellen entwickeln können, wo Sie einen neuen Zweig heranziehen wollen.

Buchen

Die Methode des Beschneidens ist die gleiche wie oben erläutert, aber es sollte nur einmal jährlich geschehen; betrachten Sie den Baum also sehr sorgfältig und überlegen Sie jeden Schritt genau, bevor Sie mit dem Beschneiden anfangen.

Lärche

Dieser Baum bringt durchgehend vom Frühjahr bis zum Herbst neue Knospen hervor. Knipsen Sie sie mit den Fingern ab, solange sie noch weich sind. Sehr weit entwickelte Triebe sollten am besten mit einer Schere entfernt werden.

Azaleen

Frische Knospen erscheinen an den Spitzen dünner Zweige in einer strahlenförmigen Anordnung. Brechen Sie sie aus, aber achten Sie auf die empfindlichen Zweige. Entfernen Sie außerdem ständig alle Schößlinge, das heißt, die Triebe, die in der Nähe des Stammfußes austreten und sehr schnell wachsen. Sie nehmen sonst der Pflanze einen Großteil ihrer Kraft.

Glockenjasmin, Felsenmispel

Da die Triebe vom Frühjahr bis in den Herbst hinein kräftig wachsen, sollten sie regelmäßig beschnitten werden; lassen Sie sie aber immer erst ein wenig wachsen. Und überdenken Sie die Baumform bevor Sie beschneiden.

Blühende und früchtetragende Gehölze

Lassen Sie die Triebe, die sich im Frühjahr bilden, bis Mitte Juni wachsen, beschneiden Sie dann die kräftigsten jeweils am Blattansatz. Gehen Sie nicht an Zweige, die Blütenknospen oder Früchte tragen. Bäume dieser Art entwickeln auch Schößlinge, die sofort entfernt werden müssen.

Zweck der Blattschnittmethode

Der Zweck des Beschneidens junger Blätter im Frühjahr liegt darin, einen zweiten Austrieb während des Sommers zu ermöglichen. Der Baum kann dann endgültig im Spätsommer oder im Frühherbst getrimmt werden. Auf diese Art und Weise erlebt der Baum zwei Austriebe in einem Jahr, und die Spitzen der Zweige werden kräftig. Diese Methode sollte natürlich nur angewendet werden, wenn der Baum kräftig ist. Wenn das der Fall ist, erscheinen 2 Wochen nach dem Beschneiden neue Knospen. Wenn Sie die Gelegenheit zum Umpflanzen im Frühjahr verpaßt haben, oder wenn Sie einen Baum unbedingt umpflanzen müssen, können Sie das nach dem Beschneiden tun.
Die Blätter sollten eins nach dem anderen mit einer scharfen Triebschere verkleinert werden. Schneiden Sie das Blatt direkt an der Stelle ab, wo es am Stiel ansitzt. Jedes gesunde Blatt besitzt in seiner Blattachsel noch einen »schlafenden« Trieb; lassen Sie also Vorsicht walten, damit dieser nicht beschädigt oder abgeschnitten wird.
Beschneiden Sie keinesfalls einen geschwächten Baum zu ausgiebig. Bei Nadelbäumen dürfen Sie nicht mehr als die Hälfte der Nadeln beschneiden. Bei einem alten Baum darf die entfernte Blattmasse nicht mehr als ein Drittel betragen. Auch dürfen Sie nie einen Hauptast absägen, wenn es sich nicht um einen sehr kräftigen Baum handelt.

Beschneiden der Äste

Betrachten Sie sorgfältig den Stamm von seinem Fuß bis zu den untersten Ästen und überprüfen Sie deren Längen und Dicken. Nehmen Sie die Äste weg, die den Blick auf die Vorderseite behindern, vergessen Sie dabei aber nicht, daß die Äste in alle Richtungen wachsen sollten. Äste mit toten Spitzen können bis auf das gesunde Holz zurückgeschnitten werden. Außerdem sollte nicht mehr als jeweils ein Ast auf einer bestimmten Stammhöhe austreten.

Zeitplan für das Beschneiden der Äste

Während der Winterruhe (mit Ausnahme der kältesten Periode)
Sicheltanne, Schwarzkiefer, Rotkiefer, Mädchenkiefer, Fichten, Igel- und Chinawacholder, Scheinzypresse

Vor dem Austrieb
Dreispitzahorn, Rotbuche, Hainbuche, Chinesischer Zürgelbaum, Zelkova, Chinesische Ulme, Japanische Tamariske, Persimone, Scheinzypresse

In der Wuchsperiode (mit Ausnahme der heißesten Zeit)
China- und Igelwacholder, Fichten, Zwergbambus, Birke, Ginkgo, Buchen, Glockenjasmin, Granatapfel, Felsenmispel, Dreispitzahorn, Aprikose, Zürgelbaum, Chinesische Ulme, Japanische Tamariske, Fächerahorn, Flaschenquitte

Bis zum Frühherbst
Wildapfel, Efeu, Flaschenquitte

Nach der Blüte
Aprikose, Azaleen, Kamelie, Glockenjasmin

Die grundlegenden Methoden des Beschneidens der Äste

Sie sollten immer von der Vorderseite des Baumes her beschneiden. Die Äste, die direkt nach vorn wachsen, sollten entfernt werden; kleine Äste aber können stehen bleiben, wenn sie den Blick auf den Stamm nicht behindern. Weiterhin dürfen kleine Äste an der Baumspitze durchaus auf den Betrachter zu wachsen. Wenn es ein grundsätzlich wichtiger Ast ist, der nach vorn wächst, sollten Sie vielleicht auch die Vorderseite neu bestimmen. Gehen Sie jedenfalls auch auf der Vorderseite beim Beschneiden nicht zu großzügig vor, da Sie sonst vielleicht das Gleichgewicht innerhalb des Baumes zerstören.
Äste, die auf der selben Höhe nach rechts und links wachsen, sehen nicht gut aus. Entscheiden Sie, welcher von beiden der erfolgversprechendere ist und entfernen Sie den anderen.
Wenn Sie an einem jungen Baum mit wenigen Ästen arbeiten, sollten Sie ihn allmählich über einen Zeitraum von mehreren Monaten hinweg beschneiden, um den Stamm nicht zu schwächen.
Zweige wachsen normalerweise in der Horizontalen, diejenigen aber, die nach oben, also parallel zum Stamm ausgerichtet sind, wirken nicht nur häßlich, sondern bedeuten auch eine außergewöhnli-

Entfernen Sie alle Äste, die direkt nach vorne wachsen.

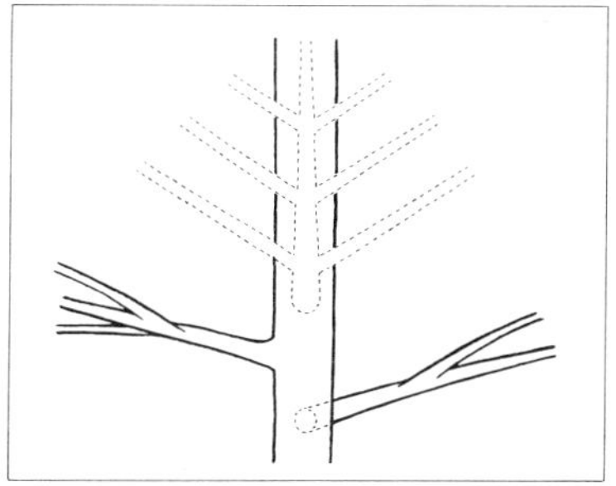

Entfernen Sie die Stangen-Äste, außerdem die, die direkt nach oben oder unten wachsen oder die den Stamm kreuzen.

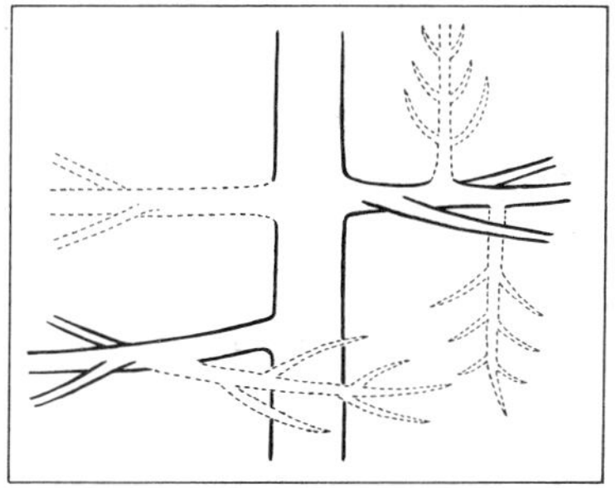

che Schwächung für den Ast, an dem sie wachsen. Solche Zweige müssen abgeschnitten werden.

Zweige und Äste, die herunterhängen, können sehr interessant wirken; wenn sie aber versteckt wachsen oder die Sicht auf den Stamm versperren, sollten sie entfernt werden.

Äste sollten den Stamm auf der Vorderseite nicht überkreuzen, noch sollten sich Äste gegenseitig kreuzen. Sie müssen solche Äste entweder entfernen oder ihre Ausrichtung verändern.

Wenn zwei Äste in die gleiche Richtung wachsen, und zwar einer direkt über dem anderen (parallele Äste), sollte einer von beiden weggenommen werden, da der untere weniger Sonnenlicht und Tau abbekommen und allmählich schwach werden würde. Entscheiden Sie, welcher erfolgversprechender ist und schneiden Sie den anderen ab. Wenn einer von beiden ohnehin schwächer ist, erleichtert das die Entscheidung.

Wenn zwei Äste am selben Punkt des Stammes entspringen (Zwillingsäste), muß einer davon entfernt werden. Auch hier lassen Sie natürlich den Besseren stehen. Je älter ein Baum wird, desto schwieriger ist es, Zwillingsäste zu korrigieren. Erledigen Sie das also am besten, solange der Baum noch jung ist.

Entfernen Sie parallele Äste, einen von zweien, die an einem Punkt entspringen, sowie Kreuzende Äste.

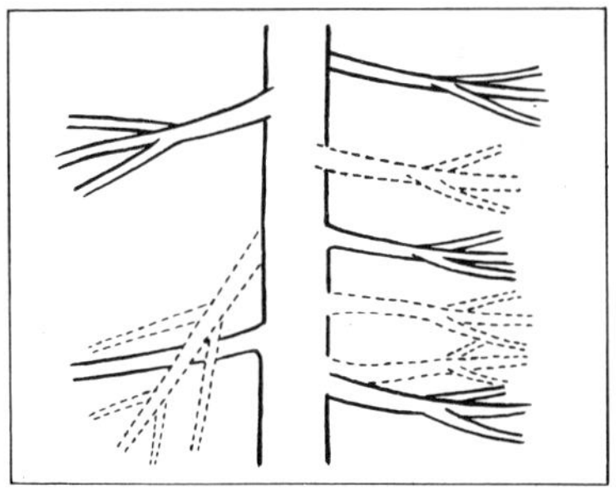

Beim Wagenradeffekt werden bis auf einen alle Äste abgeschnitten; weiterhin stören kurze Äste in Stammnähe.

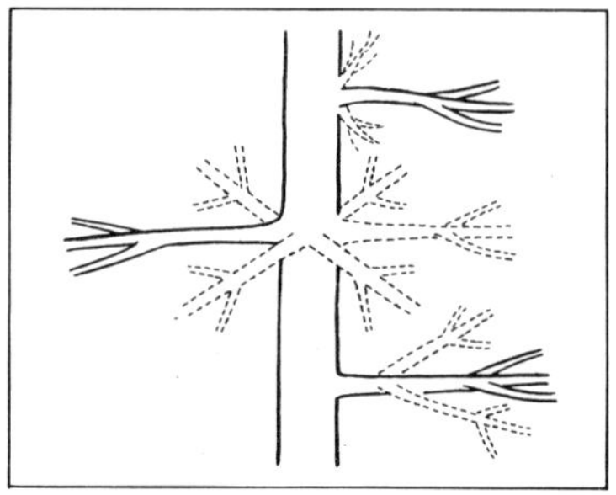

Radspeichenäste (eine Reihe von Ästen, die speichenähnlich rund um den Stamm auf derselben Höhe wachsen) sind wohl am unansehnlichsten. Sie sollten die meisten davon entfernen, aber nicht alle zur gleichen Zeit. Beseitigen Sie einen bei jedem Beschneiden, bis keiner mehr vorhanden ist, der in eine ungünstige Richtung wächst.

Seitenzweige (kleine Zweige, die dicht am Stamm einem Ast entspringen) müssen ebenfalls entfernt werden. Einmal sind Seitenzweige wenig attraktiv, zum anderen rauben sie dem Ast seine Kraft.

Wenn Ihr Baum ein betagtes Aussehen erhalten soll, müssen Sie alle kleinen Äste und Triebe entfernen, die in der Nähe des Stammes wachsen.

Verdeckte Äste, oder Äste, die nicht genug vom Tau und vom Tageslicht abbekommen, sollten frühzeitig weggeschnitten werden, damit der Baum richtig durchlüftet wird. Diese Äste verkümmern meist ohnehin und sterben ab, wenn sie nicht vorher weggenommen werden.

Normalerweise sind die unteren Äste kräftig, während die anderen nach oben hin immer schwächer werden. Wenn sich in der Nähe der Spitze ein starker Ast entwickelt, sollten Sie ihn abschneiden, mag er auch noch so erfolgversprechend sein. Der Baum wird davon auf lange Sicht profitieren. Wenn es sich um einen jungen Baum handelt, wird bald ein neuer Zweig erscheinen, um den abgeschnittenen zu ersetzen. Im übrigen hält ein langer Ast an der Baumspitze Sonnenlicht und Tau von den unteren Ästen ab. Die übliche Form eines Baumes von seiner Spitze bis zum Boden ist ein Dreieck. Ein langer oder kräftiger Ast nahe der Spitze zerstört diesen Umriß des Baumes.

Sehr niedrig wachsende Äste sollten beseitigt werden. Wenn man das nicht tut, sieht der Baum eher wie eine Jungpflanze aus.

Ist ein Baum sehr wuchsfreudig, neigt er dazu, häufig Seitensprosse zu treiben. Diese Triebe rauben dem Baum die Kraft und sollten bald und dicht am Stamm abgeschnitten werden. Wenn jedoch ein Seitensproß an einer Stelle erscheint, wo Sie gern noch einen Ast

hätten, erlauben Sie ihm dennoch nicht, sich voll zu entwickeln, sondern schneiden Sie ihn regelmäßig zurück, damit er die richtigen Proportionen bekommt. Wenn Sie ihn ohne ihn zurückzuschneiden einfach wachsen lassen, erhalten Sie am Ende einen Ast, der an seiner Basis dick, aber sonst überall recht dünn ist.
Ebenfalls entfernen müssen Sie Schößlinge, die in der Nähe des Fußes entspringen. Sie wachsen sehr schnell und rauben dem Baum die Kraft. Sollten sie in günstiger Position erscheinen, können Sie einen oder zwei belassen, um so eine Mehrfachstammform zu erhalten. Empfehlenswert ist so etwas aber nur, wenn die Schößlinge an der richtigen Stelle kommen, nicht den Blick auf den Stamm versperren und auch nicht parallel zu diesem wachsen.

Laubbäume, blühende und früchtetragende Gehölze

Wenn Sie Äste dieser Baumarten zurückschneiden, müssen Sie sorgfältig auf die Knospen und Blattknoten, sowie auf deren spätere Wuchsrichtung nach dem Schnitt achten (siehe Zeichnung). Wenn der Baum einmal sehr groß erscheinen soll, könn Sie im allgemeinen beim Beschneiden so vorgehen, daß sich die Äste zu den Spitzen hin leicht nach unten biegen. Machen Sie die Schnitte jeweils gleich hinter einer Knospe.

Beim Beschneiden sollten Sie ein imaginäres Dreieck im Auge haben und danach die Grundform des Baumes einrichten.

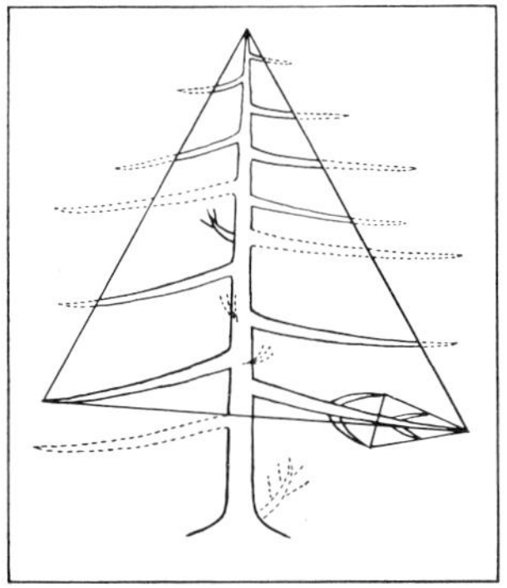

Wenn Sie einen Ast bis auf eine Knospe zurückschneiden, müssen Sie auf deren Wuchsrichtung achten, damit Sie die des neuen Astes kennen.

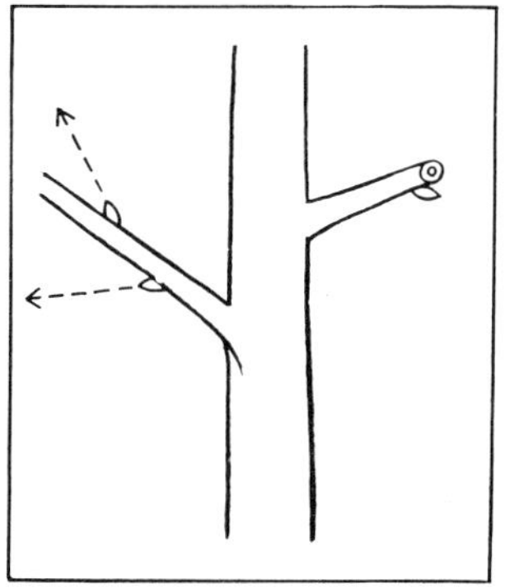

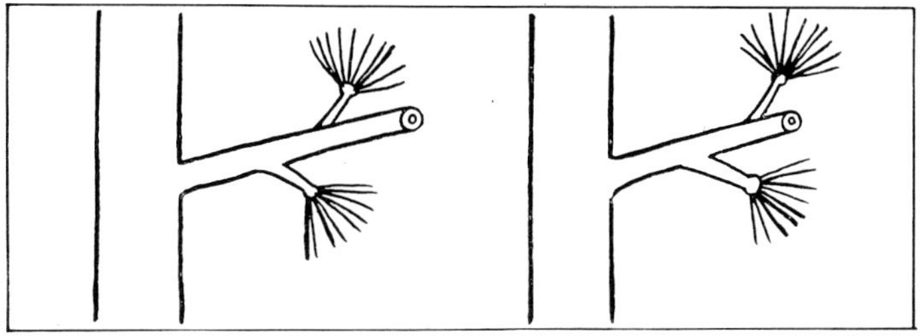

Oben: Beim Entfernen eines Teils eines großen Astes schneiden Sie zunächst etwa die Hälfte davon und drei Monate später den Rest ab.
Unten: Die drei Bildgruppen oben zeigen typische Bäume vor und nach dem Beschneiden im Alter von drei, vier und fünf Jahren.

Immergrüne Gehölze

Wenn Sie einen Ast direkt an seiner Basis abschneiden, wird die Schnittfläche ziemlich groß sein, möglicherweise tritt auch eine

Menge Harz aus. Nehmen Sie deshalb zunächst nur zwei Drittel des Astes weg und belassen Sie den Rest noch etwa 3 Monate am Baum. Bis dahin ist der Stumpf vollkommen abgestorben und läßt sich leicht abnehmen.

Ein Beispiel einer vierjährigen Kiefer vor (links) und nach dem Beschneiden (rechts). Beachten Sie, wie der Baum an Form gewonnen hat. Die Umrisse der Äste sind zu sehen, und der Baum wird die Dreiecksform annehmen sobald die Äste gedrahtet und herabgebogen sind.

Ein junger Dreispitzahorn vor und nach dem Beschneiden.

Besonderheit – ein »jin«

Sollten Sie beabsichtigen, einen Ast von einem kräftigen Baum zu entfernen, bietet sich in manchen Fällen eine interessante Alternative an. Sie lassen den Ast stehen und ein »jin«, indem Sie die Rinde von dem Ast abschälen und das darunter liegende Holz freilegen.

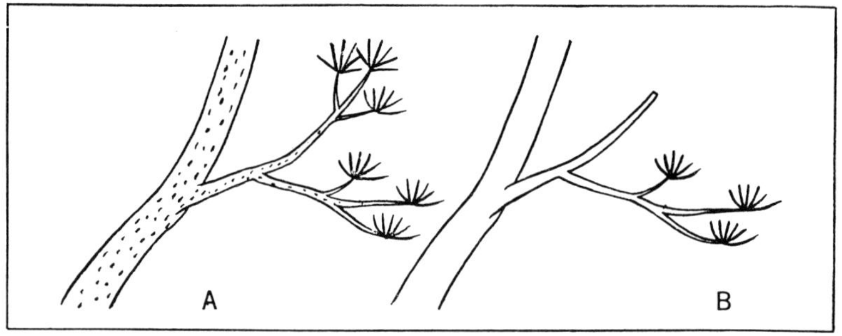

Wählen Sie den Ast aus, aus dem Sie ein »jin« machen wollen (A) und entfernen Sie das ganze Laub (B). Schneiden Sie den Ast so an, daß Sie die Rinde abziehen können.

Nach dem Abschälen der Rinde formen Sie den Ast so, daß er zur Spitze hin dünner wird (C). Waschen Sie den blanken Ast mit Schwefelsäure ab oder schmieren Sie ihn mit Gesichtscreme ein, damit er nicht schwarz wird (D).

Schon bald wird der Ast so ausgeblichen und verwittert aussehen, wie man das oft in der Natur beobachten kann. Es gibt im Deutschen noch keine Bezeichnung für dieses Phänomen, so daß Sie sich nur den Ausdruck »jin« merken können.

Die Rolle des »jin« beim Saikei

Ein »jin« soll das Gefühl vermitteln, daß der betreffende Baum durch Sturm, Schnee oder Blitze geschädigt worden ist. Gehen Sie aber in jedem Fall mit Bedacht vor. Ein »jin« soll keinen praktischen Zweck erfüllen, und wenn es nicht geschickt in den Baum einbezogen wird, wirkt es künstlich.

Arbeitsvorgang

Entfernen Sie zunächst alle Blätter von dem Ast. Machen Sie dann mit einer Schere oder einem Messer einen Schnitt in die Rinde rund um die Basis des Astes. Heben Sie eine Ecke der Rinde mit der Schere ab, so daß Sie sie mit den Fingerspitzen greifen können. Jetzt können Sie die Rinde bis zur Spitze hin abziehen. Schneiden Sie das Ende des Astes schräg an, so daß es wie natürlich verwittert aussieht. Bei einem Ast, der schon einige Zeit tot ist, werden Sie das alles nur schwerlich schaffen können, denn wenn einmal das Harz eingetrocknet ist, wird man die Rinde auch mit einem Meißel kaum abschaben können. Und selbst wenn Sie sie abbekommen sollten, wird es einfach unnatürlich erscheinen.

Drahten

Der Zweck des Drahtens liegt darin, nach dem Beschneiden die Stämme und Äste in die gewünschte Form zu biegen.

Grundlagen

Der Umriß von Stamm und Ästen eines Baumes muß ausgewogen sein. Wenn beispielsweise eine Sicheltanne einen geraden Stamm hat, haben auch die Äste gerade zu sein. Wenn der Stamm sich windet, wie das oft bei Kiefern der Fall ist, müssen auch die Äste Windungen aufweisen.
Auch die Winkel zwischen Stamm und Ästen sollen einheitlich sein. Wenn die meisten Äste im rechten Winkel zum Stamm stehen, soll man die anderen auch dazu bringen. Die Winkel brauchen natürlich nicht alle exakt gleich sein, aber sie sollten nicht zusehr auseinandergehen, weil das sonst nicht ausgewogen aussieht.
Die Äste sollten um den Baum herum in verschiedene Richtungen wachsen, so daß sie sich bei einer Betrachtung von der Vorderseite nicht überschneiden.
Die kleinen Zweige, die von einem Hauptast ausgehen, sollen die Grundform eines Fächers haben. Ein kleiner Zweig soll nicht über die Spitze des Hauptastes, an dem er wächst, hinausragen.

Material

Am ehesten ist dunkler, ausgeglühter Kupferdraht zu empfehlen, der aber so dünn sein muß, daß er sich leicht biegen läßt. Wenn Sie den Draht zu dick wählen, wird das Drahten sehr schwierig, und Sie werden mit einiger Wahrscheinlichkeit Äste dabei beschädigen.
Außerdem brauchen Sie noch eine Drahtzange für die Drahtenden an den Zweigspitzen. Dabei ist es von Vorteil, wenn die Zange auch Draht schneiden kann, da Sie sonst noch extra eine Kneifzange benötigen.
Außerdem brauchen Sie noch Streifen weichen, aber kräftigen Papiers zum Umwickeln des Drahtes. Zellstoff ist für diesen Zweck gut geeignet. Das Papier schützt die Rinde und ist vor allem dann wichtig, wenn die Rinde des betreffenden Baumes weich ist.

Zeitplan für das Drahten

März/April
Mädchenkiefer, Schwarzkiefer, Rotkiefer, Fichte, Igel- und Chinawacholder, Sicheltanne, Scheinzypresse, Zelkova, Dreispitz- und Fächerahorn, Buchen, Felsenmispel, Quitte, Aprikose

Mai/Juni
Wildapfel, Efeu, Ginkgo, Granatapfel, Myrthe, Weide, Azaleen, Kamelie.

Arbeitsvorgang

Vor dem Drahten beschneiden Sie den Baum und entscheiden, was geändert werden soll. Normalerweise beginnt man damit, daß man von unten nach oben den Stamm umwindet. Wenn Sie die Wuchsrichtung eines Astes verändern wollen, sollten Sie ihn erst mit der Hand verbiegen und dann den Draht mit der anderen darum winden. Wickeln Sie den Draht nicht zu eng, sonst schneidet er sich sofort in die Rinde ein, sobald er ein wenig dicker wird. Die Drahtwicklungen sollten mindestens 1,5 cm voneinander entfernt liegen. Wenn ein Ast vollständig gedrahtet ist, darf der Draht ihn allenfalls leicht berühren, außer natürlich an den Stellen, wo Druck angewendet werden soll.
Biegen Sie den Ast nicht erst nach dem Drahten, denn dann entstehen leicht Schäden. Versuchen Sie außerdem nicht, einen Ast zu stark zu verdrehen, obwohl das die meisten Kiefern bis zu einem gewissen Grad vertragen.
Es wird etwa 1 Jahr dauern, bis die neue Form im Baum fixiert ist, deshalb sollten Sie den Draht dann abnehmen, bevor er anfängt, sich einzugraben. Entfernen Sie den Draht, indem Sie an der Spitze anfangen und dann nach unten weitergehen. In anderen Worten: entfernen Sie ihn in der umgekehrten Reihenfolge, in der Sie ihn angebracht haben.

Bevor Sie mit dem Drahten beginnen, müssen Sie zunächst über die Form des Stammes entscheiden. Danach schauen Sie sich die Äste an. Wenn der Stamm gerade ist, überprüfen Sie die Winkel und Ausrichtungen der Äste und bestimmen, an welchem noch gearbeitet werden muß. Fangen Sie mit dem untersten an und gehen Sie dann nach oben.
Nach dem Drahten sehen Sie sich den Baum erneut von vorn und hinten an. Wenn sich irgendwelche Äste überdecken, sollten Sie den Fehler beseitigen. Kleine Zweige brauchen nicht korrigiert und gedrahtet zu werden. Weiterhin ist es unnötig eine Korrektur vorzunehmen, wenn sich zwar Äste überdecken, zwischen ihnen aber genügend Platz vorhanden ist und beide ausreichend Sonnenlicht bekommen.
Biegen Sie keinen Ast in eine ausgesprochene Zick-Zack-Form, weil das unnatürlich aussieht. Alle Bögen sollten weich und nicht eng sein. Wir drahten ja, um eine ungünstige Ausrichtung der Äste zu korrigieren, und nicht um den Baum zu quälen. Enge Bögen oder Winkel lassen den Baum nur unausgewogen erscheinen.

Geneigte Form

Um einen Baum beim Drahten in die geneigte Form zu bringen, sollten Sie zunächst den Stamm in die gewünschte Form biegen. Dann biegen Sie den untersten Hauptast entsprechend. An der Stelle, wo der Stamm die Biegung vollzieht, drücken Sie einen Ast in die entgegengesetzte Richtung, so daß der Eindruck entsteht, daß sich der Ast der Biegung des Baumes widersetzt. Danach arrangieren Sie die anderen Äste so, daß sie gleichmäßig um den Stamm herum verteilt sind, ohne sich zu überkreuzen oder zu überlappen.
Bei der geneigten Form sollten die Äste grundsätzlich leicht nach unten zeigen, während aufwärtsgerichtete Spitzen den Eindruck von Lebenskraft vermitteln. Die Äste dürfen in die verschiedensten Richtungen gebogen werden: nach oben, unten, nach rechts oder

links; Sie müssen nur darauf achten, daß sie mit dem Stamm harmonieren. Sie sollten auch nicht irgendwelche Korrekturen einfach aus dem Grunde vornehmen, weil Sie Laubwerk an eine Stelle bringen wollen, wo sonst keines vorhanden wäre, denn das würde das natürliche Aussehen des Baumes verderben.

Vorgeformte Bäume

Vorgeformte Bäume können in Landschaften verwendet werden, deren Bedingungen für einen normalen Baum zu ungünstig wären. Gemeint ist damit beispielsweise eine Szenerie, in der ein Baum auf einem felsigen Kliff an der Küste wächst. Solch ein Baum wird wahrscheinlich in der Natur vom Wind verkrüppelt sein, während ein Baum in den Bergen außerdem noch vom Schnee verformt ist. Die schönsten gewundenen Bäume findet man in den Bergen. Wenn Sie einen normalen, geraden Baum mit Draht in eine solche Form bringen wollen, wird dieser eingehen. Mit etwas Glück finden Sie in der Natur einen vorgeformten Baum, den Sie auch noch drahten können, um die Form der Äste zu korrigieren; Sie dürfen aber an einem alten Baum keine allzu großen Änderungen vornehmen. Pflanzen Sie den Baum in eine geeignete Landschaft, und Sie erhalten ein wirklich schönes Saikei-Arrangement.

Kaskade und Semikaskade

Bei diesen Baumformen windet sich der Stamm über die Kante des Gefäßes und wächst mit den Ästen in die Tiefe, während kleine Zweige und Triebe wiederum nach oben tendieren, als ob sie die Sonne suchen. Im Idealfall ist einer der Hauptäste nach oben gedrahtet, so daß er der abwärtsgerichteten Kraft entgegenwirkt. Weiterhin besitzen Bäume dieser Stilrichtung dicke, freiliegende Wurzelansätze, die im Gesamteindruck Stabilität ausstrahlen.

Mehrfachstämme und Gruppenpflanzungen

Drahten Sie zunächst den Hauptstamm oder -baum, und gehen Sie dann daran, die anderen Stämme auf den größten auszurichten. Beim Drahten der Äste betrachten Sie die Gruppe wie einen einzelnen Baum, wobei die Äste der einzelnen Stämme oder Bäume sich nicht überdecken sollten.

Felsenpflanzungen

Der Arbeitsvorgang beim Drahten ist der gleiche wie bei anderen Formen auch, achten Sie vor allem aber darauf, daß die Äste mit dem Umriß des Steines harmonieren.

Weitere Tips zum Drahten

Der beste Weg, das Drahten zu lernen, wäre natürlich der, einem Fachmann bei der Arbeit zuzusehen. Wir müssen uns hier leider auf Zeichnungen beschränken.
So sieht der Baum vor dem Drahten aus. Wir wollen ihn in eine streng aufrechte Form bringen. Stecken Sie zuerst auf der Rückseite des Baumes den Draht so tief wie möglich in die Erde. Die Gesamtlänge des Drahtes sollte etwa das 1,5fache der Baumhöhe ausmachen. (1)
Nehmen Sie den unteren Teil des Stammes fest in eine Hand, biegen Sie ihn gerade und beginnen Sie dann mit dem Drahten, wobei Sie aber mit dem Druck der Hand nicht nachlassen dürfen. Begradigen Sie den Stamm also nicht erst, nachdem der Draht angebracht worden ist, weil Sie sonst die Rinde verletzen könnten. (2)
Fahren Sie mit dem Drahten des Stammes fort. Wickeln Sie dabei aber nicht zu fest – Sie können den Stamm auch ohne eine enge Fessel in seiner Form halten. (3)
Fassen Sie nun die obere Stammhälfte und begradigen Sie sie. (4)

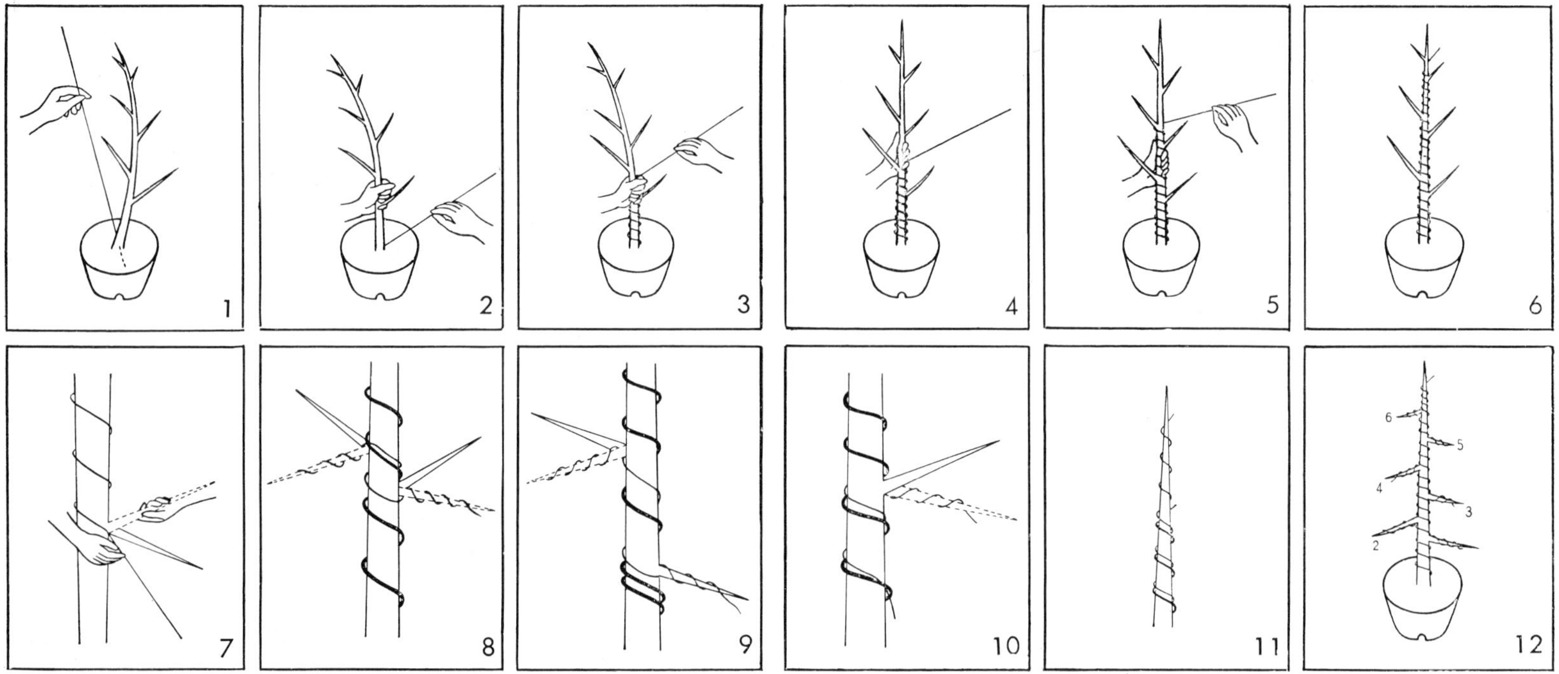

Der Baum wird mit der anderen Hand zur Spitze hin gedrahtet. (5) Wenn Sie mit dem Drahten fertig sind, können Sie mit dem Druck auf den Stamm nachlassen, die Form wird nun gerade bleiben. (6) Wenn Sie erreichen wollen, daß sich ein Ast herabneigt, biegen Sie ihn mit der Hand herunter, solange bis er die gewünschte Neigung aufweist. Drahten Sie dann den Ast zur Spitze hin auf die gleiche Art, wie Sie das beim Stamm gemacht haben. Lassen Sie ihn dann los, und er wird in seiner Lage verbleiben. (7)
Ein Stück Draht wird wie dargestellt befestigt und entgegen dem Uhrzeigersinn um zwei Äste herumgewunden. Der Ast, der nach rechts oben in den Hintergrund zeigt, wird nach rechts unten gebogen. Ein anderer Ast, der nach links oben auf den Betrachter zu wächst, wird nach links unten hinten angebracht. Sie sollten den Draht übrigens in der selben Richtung wickeln, in die Sie auch den Ast biegen wollen. Wenn Sie also nach links biegen wollen, muß der Draht entgegen dem Uhrzeigersinn gewickelt werden. (8)
Nach dem Drahten des unteren Astes führen Sie das Drahtende entlang des dickeren Stamm-Drahtes zum nächsten Ast. Der Ast-Draht sollte nicht so kräftig sein wie der Stamm-Draht. (9)
Zum Befestigen des Ast-Drahtes schieben Sie ein Ende unter den Stamm-Draht und winden ihn dann einige Male entlang des dickeren Drahtes. (10)

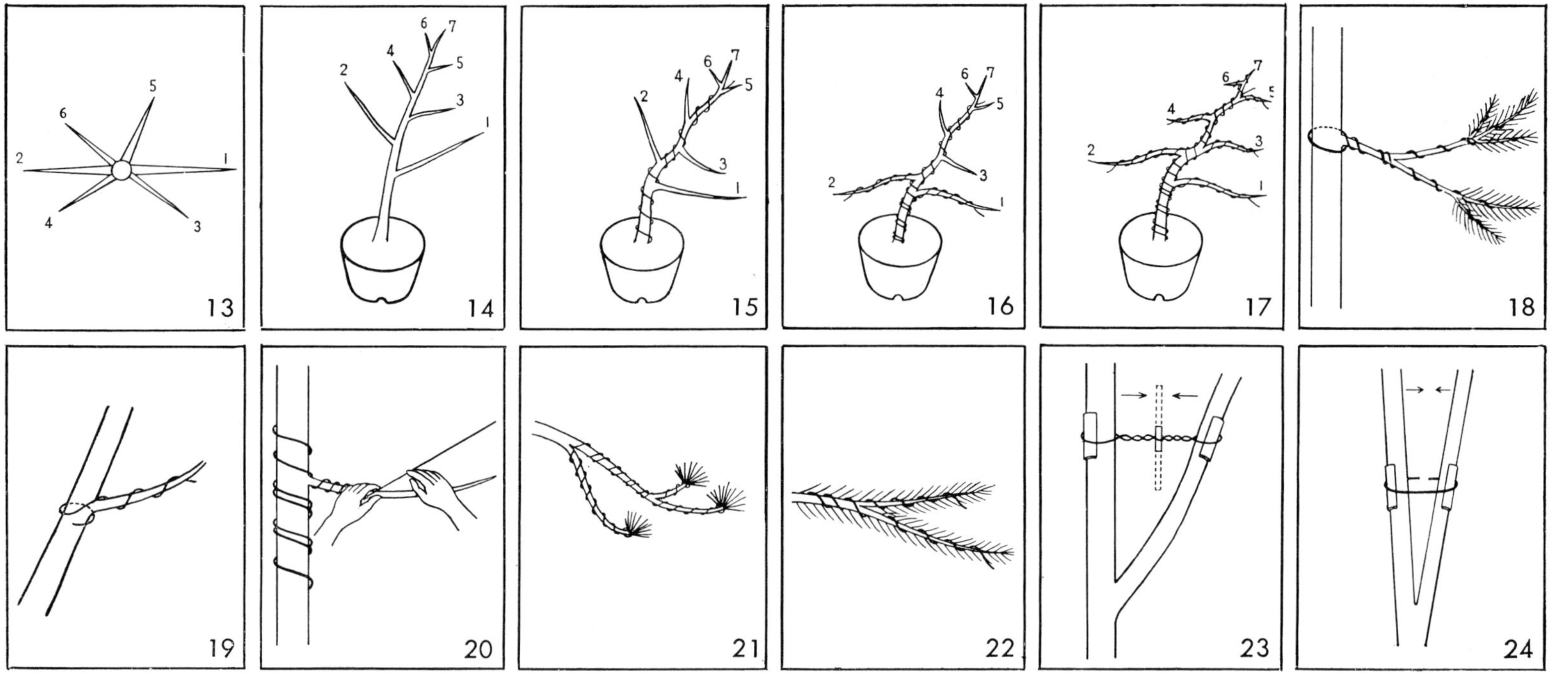

Es sieht nicht nur häßlich aus, wenn man den dicken Draht bis ganz oben zur Spitze hinauf wickelt, sondern schadet dabei auch dem Baum. Ein Stück bevor der Draht die Spitze erreicht, winden Sie einen dünneren etwa zwei Windungen parallel zu ihm um den Stamm und führen damit die Drahtung bis zur Spitze fort. (11)
Die Drahtung ist nun vollständig. Achten Sie darauf, daß sich keine Äste überdecken. (12)
Die Wuchsrichtungen der Äste von oben. (13)
Die Urform einer Kiefer vor dem Drahten. (14)
In diesem Fall soll der Stamm schräg nach rechts vorn gebogen werden, wir wickeln also den Draht entsprechend dem Uhrzeigersinn. Der Baum wird dabei auf die gleiche Weise mit der Hand gehalten, wie vorher beschrieben. (15)
Wir wollen dem untersten Ast eine Biegung verleihen, so daß er mit dem Stamm harmonisch in Einklang steht. Da wir wiederum dicken Draht verwenden müssen, können wir ihn nicht am Stamm-Draht befestigen, sondern können ihn nur im Boden verankern. Als nächstes wird der zweite Ast auf ähnliche Weise in die entgegengesetzte Richtung gebogen. (16)
Das Drahten geschieht der Größe nach bis hin zur Spitze. (17)
Wenn sich ein kleiner Ast verzweigt, können Sie den Draht doppelt nehmen und zu den Enden hin teilen. (18)

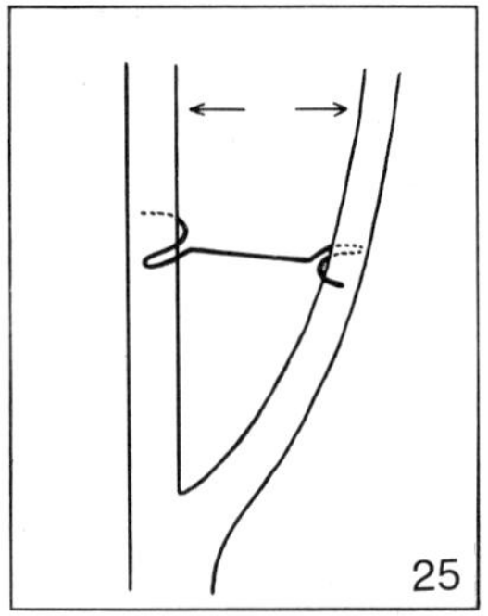

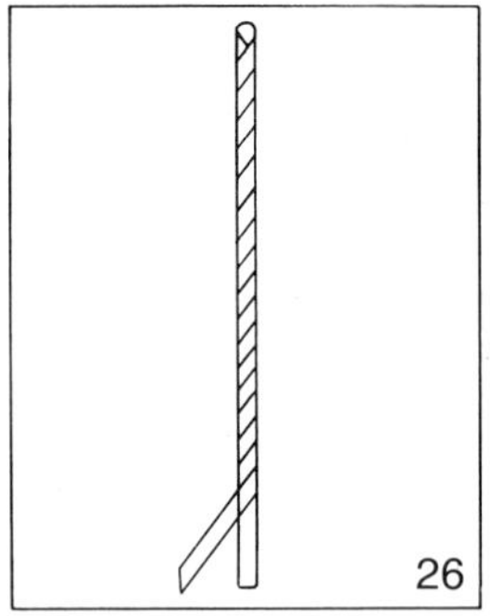

Eine einfache Möglichkeit, dünnen Draht zu befestigen. (19)
Wenn Sie einen dünnen Zweig drahten, sollten Sie den Draht mit der rechten Hand führen. Jedesmal wenn Sie eine Windung gemacht haben, halten Sie diese mit der linken Hand fest. Gehen Sie dann zur nächsten Windung über, während die linke Hand nachrutscht, um sie zu halten. Fahren Sie auf diese Weise bis zum Ende des Astes fort. So erleichtert man sich die Arbeit und man kann den Ast nicht so leicht verletzen. (20)
Formen Sie beim Drahten von Kiefern an den Zweigspitzen das Drahtlnde zu einer Schlaufe, mit der Sie die Nadeln aufwärts richten können. Der fertige Baum wird dadurch noch attraktiver. (21)
Achten Sie darauf, daß Sie keine Nadeln zusammenbinden. Wenn Sie Draht zwischen den Nadeln anbringen müssen, sollten Sie ihn zwischendurch immer ein wenig zurückschieben. (22)
Folgende Methode ist einfacher als das Umwinden des Stammes mit dickem Draht, außerdem fällt die Korrektur nicht so sehr ins Auge. Wenn Sie einen dicken Ast näher an den Stamm heranbringen wollen, umwickeln Sie sowohl den Stamm als auch den Ast mit sehr dickem Draht und stecken ein Holzstäbchen dazwischen (Zeichnung). Biegen Sie dann den Ast in die gewünschte Position und drehen Sie den Draht mit Hilfe des Stäbchens auf Spannung. Ist der Ast abgesichert, kann das Hölzchen kurz geschnitten werden. (23)

Wenn Sie einen Ast näher an einen dünnen Teil des Stammes heranziehen wollen, müssen Sie relativ dicken Draht verwenden. (24)
Wenn Sie den Abstand zwischen einem dünnen Teil des Stammes und einem Ast vergrößern wollen, biegen Sie sich aus einem Stück dicken Drahtes eine Klammer zurecht, wie sie in der Zeichnung dargestellt ist. (25)
Wenn Sie einen Laubbaum drahten, sollten Sie den Draht unbedingt mit Papier umwickeln, damit die Rinde nicht verletzt wird. (26)

Beispiele einer Kiefer und eines Laubbaumes vor und nach dem Beschneiden und Drahten.

Umpflanzen

Ein gesunder Baum wird so schnell neue Wurzeln treiben, daß nach 2–3 Jahren das Gefäß vollkommen ausgefüllt und kein Platz mehr für weitere Wurzeln vorhanden ist. Wenn aber das Wurzelwachstum aufhört, wird der Baum nur sehr langsam wachsen. Folglich kann von Fall zu Fall das Beschneiden der Triebe entfallen. Wenn der Baum weiter genügend Wasser- und Düngergaben bekommt, kann er noch weitere 2–3 Jahre überleben, bis schließlich kleine Zweige abzusterben beginnen. Solch ein Baum besitzt dann keine Kraftreserven mehr, weil der Boden vollkommen ausgelaugt ist, weil Wasser und Luft kaum noch in die Wurzelmasse eindringen können. Neue Wurzeln können überhaupt nicht mehr entstehen.

Bevor ein Baum in einen solchen Zustand gerät, sollten Sie ihn umpflanzen, das heißt, die alten Wurzeln zurückschneiden und neue Erde hinzufügen. Sie müssen auch dann sofort umpflanzen, wenn irgendwelche Insekten die Wurzeln des Baumes bedrohen, selbst wenn Sie gerade kurze Zeit vorher umgepflanzt haben.

Blühende und früchtetragende Gehölze neigen dazu, sehr schnell wieder neue Wurzeln zu treiben, so daß ein häufiges Umpflanzen nötig ist, vor allem aber, wenn Sie in relativ kleinen Gefäßen gehalten werden.

Das Umpflanzen ist aber im Falle von Saikei nicht so häufig notwendig, wie bei Bonsai. Saikei-Gefäße sind gewöhnlich flach, aber groß, so daß für die Wurzeln mehr Platz zur Entfaltung bleibt.

In manchen Fällen können Sie auch einen Baum aus seinem kleinen Gefäß nehmen und in ein größeres umsetzen, ohne den Wurzelballen aufzulockern. Die Erde, die Sie in dem größeren Gefäß ergänzen, wird ausreichen, den Baum weitere 2–3 Jahre zu versorgen. In einem solchen Fall können Sie zu jeder Jahreszeit umpflanzen (außer vielleicht in der kältesten Zeit).

Wenn Sie den Wurzelballen eines Baumes auflockern und lange Wurzeln zurückschneiden, wird das Wachstum des Baumes verlangsamt, während der Baum selbst einige Wochen lang einen Schwächezustand erlebt. Aus diesem Grunde sollte man das Umpflanzen im Frühjahr oder im Herbst erledigen. Bäume, die in großen Gefäßen wachsen, sowie Felsenbepflanzungen brauchen nur selten umgepflanzt zu werden. Wenn Sie aber beobachten, daß der Baum seine Frische verliert, müssen Sie ihn entweder umpflanzen oder ein wenig von der alten Erde wegkratzen und frische Deckerde hinzufügen.

Es gibt drei Gründe für das Umpflanzen:

1. um das Wachstum des Baumes anzuregen, indem man ihm frische Erde bietet, aus der die Wurzeln Nahrungsstoffe ziehen können.
2. um das Gefäß und vielleicht auch noch den Stil der Pflanzung zu wechseln.
3. um Krankheiten zu verhindern, die in dem Gefäß entstehen könnten.

Arbeitsvorgang

Wenn im zeitigen Frühjahr die Knospen erscheinen, ist das die beste Zeit zum Umpflanzen. Laubbäume sollten Sie nicht umpflanzen wenn sich die Blätter schon geöffnet haben, weil sie sonst vertrocknen könnten, bevor der Baum neue Wurzeln treibt, und weil dann der Baum eingehen kann. Wenn das Umpflanzen aber wirklich nötig ist, lassen Sie den Ballen in einer Schale mit Wasser sich eine halbe Stunde lang richtig vollsaugen, bevor er in ein neues Gefäß gepflanzt wird. Auf diese Weise saugen die Wurzeln genügend Wasser auf, um den Baum solange am Leben zu erhalten, bis Sie sich erholt haben. Bei widerstandsfähigen Bäumen wie Ahorn und Ulme warten Sie bis nach dem Blattschnitt.

Zeitplan zum Umpflanzen

	Grund 1	Grund 2	Grund 3
Immergrüne	Die beste Zeit liegt im März oder April, bevor die neuen Knospen erscheinen. Auch im September möglich.	Jederzeit, außer wenn der Ballen aufgelockert ist. Das Lockern darf nur nicht in der kältesten und heißesten Zeit geschehen.	Vermeiden Sie die kälteste und die heißeste Zeit.
Laubbäume	Am besten im März oder April vor dem Austrieb. Nach dem Blattschnitt dürfen auch im Mai/Juni noch Ulmen, Ahorn und Buchen umgepflanzt werden.	Nach dem Blattschnitt.	Wie oben, aber nach dem Blattschnitt. (Ziehen Sie milde Jahreszeiten vor. Sprühen Sie gleichzeitig gegen schädliche Insekten.)
Blühende und früchtetragende	März/April, vor dem Austrieb. Azaleen nach der Blüte. Aprikosen und Quitten auch im September.	Für Azaleen und Felsenmispeln gilt das gleiche wie oben. Bei anderen besser vor dem Austrieb.	

Zur genauen Erklärung des Umpflanzens nehmen wir eine vierjährige Chinesische Ulme als Beispiel. Der Durchmesser des Gefäßes beträgt ca. 9 cm, während der Baum etwa 13 cm hoch ist. (1)
Beschneiden Sie zunächst die Äste. Durch das Umpflanzen verringert sich die Wurzelmasse, also muß auch die Anzahl der Äste kleiner werden. (2)
Lockern Sie mit einem Stäbchen die Erde am Topfrand auf. (3)
Nehmen Sie den Baum aus seinem Gefäß. (4)
Sehen Sie nach, wie dick die Wurzeln auf der Unterseite des Ballens sind. (5)
Lockern Sie nun die Unterseite auf. (6)
Nach der Unterseite gehen Sie an die Seiten. Alles in allem lösen Sie aber nur etwa die Hälfte der Erde ab. (7)

1

2

3
4
5
6
7
8
9
10
11
12
13
14
15
16
17

Schneiden Sie die langen und dicken Wurzeln bis auf die verbleibende Erde zurück, und zwar mit einem schrägen Schnitt. Dann kommen die kleineren Wurzeln an die Reihe. (8)
Die Erde ist auch in der Nähe des Fußes abgelöst. Entscheiden Sie jetzt, ob Sie eventuell einige Wurzelansätze freilegen wollen. (9)Legen Sie ein Vinylnetz über das Abzugsloch und befestigen Sie es mit Draht.
Der beschnittene Baum. (10)
Schütten Sie nun die grobe Bodenschicht in das Gefäß. Die Menge ist abhängig von der gewünschten Position des Baumes innerhalb des Topfes.(11)
Setzen Sie den Baum in das Gefäß und geben Sie ihm seinen endgültigen Platz. Bestimmen Sie Vorderseite und Ausrichtung. (12)
Klopfen Sie einige Male an den Topfrand, damit sich die Bodenschicht setzt, und geben Sie dann feinkörnige Deckerde hinzu. (13)
Nehmen Sie jetzt ein Stäbchen und stochern Sie damit solange in der Erde, bis sich zwischen Erde und Wurzeln keine Luftpolster mehr befinden. Halten Sie dabei den Fuß des Stammes mit einer Hand fest. (14)
Legen Sie die Hand nun über die Erde und klopfen Sie mit dem Topf einige Male gegen die Tischkante, damit die Erde sich setzt. Ebnen Sie dann die Erdoberfläche mit einem Schäufelchen ein. (15)
Wässern Sie den Baum so gründlich, bis Wasser aus der Dränageöffnung tritt. Die Erdoberfläche sollte etwas unterhalb des Topfrandes liegen, damit Wasser und Dünger leicht in die Erde eindringen können.(16)
Der Vorgang ist beendet. (17)

Wichtige Punkte, die Sie beachten sollten

Wenn Sie auf die richtige Weise – wie oben dargestellt – und zur richtigen Zeit umpflanzen, können Sie den Baum sofort danach der Sonne aussetzen. Wenn Sie jedoch einen Großteil des Wurzelballens wegschneiden, sollten Sie den Baum für 2–3 Tage im Hause behalten. Stellen Sie ihn dann 1 Woche lang in den Schatten und besprühen Sie häufig das Laub. Danach dürfen Sie ihn allmählich der Sonne aussetzen. Nach weiteren 2 Wochen verträgt er wieder das volle Sonnenlicht.
Wenn Sie eine Jungpflanze aus einem kleinen Gefäß in ein anderes umpflanzen, lösen Sie bitte nicht zu viel vom Wurzelballen ab. Da Sie in diesem Fall ja nur auf den Zeitpunkt warten, zu dem die Pflanze groß genug für den Gebrauch innerhalb eines Saikei-Arrangements ist, wollen Sie das Wachstum sicher nicht durch einen Wurzelschnitt dämpfen.

Pflege des Saikei

Aufstellung

Die für Saikei verwendeten Bäume sind Arten, die normalerweise in den Bergen oder in Wäldern wachsen, sie brauchen deshalb ausreichend frische Luft, Sonnenlicht, Regen und Tau zum Gedeihen. Man stellt sie deshalb am besten auf einem Tisch oder einem Bord an einen Platz, der nach Süden offen ist, damit sie der Nachmittagssonne ausgesetzt sind. Da Saikei schließlich zum Ansehen gedacht sind, wollen wir sie auch von Zeit zu Zeit nach drinnen nehmen, tun dies aber immer nur für einige Tage.

Einige Pflanzen brauchen Kälteschutz. Stellen Sie sie während der Zeit des Frostes unbedingt an entsprechende Ausweichplätze. Ein wichtiger Tip für Saikei-Liebhaber, die in Klimazonen leben, wo es im Winter sehr kalt wird: Der Boden in der Schale wird natürlich durchfrieren, wenn Sie diese draußen stehen lassen. Um das zu verhindern, müssen Sie Ihr Arrangement an ein helles und kühles Fenster stellen oder im Garten in den Boden versenken.

Pflanzen, die im Herbst umgepflanzt oder beschnitten worden sind, brauchen im folgenden Winter einen besonderen Schutz. Ideal wäre ein Wintergarten oder ein kaltes Treppenhaus. Wenn tagsüber die Sonne sehr stark scheint, sollten Sie zum Lüften ein Fenster öffnen. Außerdem sollten Sie dann die Blätter häufig besprühen, weil meist die Luft sehr trocken ist. Die Temperatur darf in dem betreffenden Raum nicht über 10° C ansteigen, weil die Bäume sonst nicht wie erwünscht in die Winterruhe eintreten.

Sie dürfen die Pflanzen auch in kalten Klimazonen draußen überwintern, wenn Sie sie nur an eine windgeschützte Ecke stellen. Die Erde friert zwar über Nacht durch, wird aber tägsüber von der Sonne wieder aufgetaut, so daß die Wurzeln Wasser aufnehmen können. Wenn der Frost aber einige Tage anhält, sollten Sie den Baum doch lieber nach drinnen nehmen.

Saikei-Gehölze gehen nur selten in Folge eines Frostschadens ein, eine Gefahr besteht bloß darin, daß die Wurzeln einfrieren, kein Wasser mehr aufnehmen können und dann absterben. Ein Baum, der im Erdboden wächst, besitzt Wurzeln, die noch ein gutes Stück durch die Eisschicht in die Tiefe wachsen – bei einem Baum im Topf sieht die Sache ganz anders aus. Deshalb müssen Sie in der Frostzeit besondere Vorsicht walten lassen.

Wässern

Im Idealfall müßte man den Bäumen genau im richtigen Moment die optimale Wassermenge zukommen lassen. Es ist natürlich kaum möglich, das zu schaffen, denn die Regelmäßigkeit des Wässerns ist abhängig von Jahreszeit, Wetter, Größe und Tiefe des Gefäßes, sowie Zustand und Charakteristik des Baumes.

Die beste Art, den Wasserbedarf herauszufinden, besteht ganz einfach darin, solange zu warten, bis die Erde im Topf fast trocken ist, und dann zu gießen. Anfangs ist Wasser, das in der Sonne lange abgestanden ist, ideal; nach 1–2 Wochen kann man auch Leitungswasser nehmen. Im Winter ist es effektiv besser, Leitungswasser zu nehmen, da es wärmer ist als im Freien abgestandenes Wasser. Wässern Sie solange, bis die überschüssige Flüssigkeit aus dem Dränageloch tritt.

Vielleicht braucht Ihr Baum 2 Tage, bis die Erde trocken zu werden beginnt. Sie sollten ihn dann auch wirklich nicht häufiger gießen. Wenn der Boden gerade ein wenig trocken zu werden beginnt und Sie z. B. für mehrere Stunden abwesend sein werden, geben Sie dem Baum nur ein klein wenig Wasser.

Wasser ist für Bäume soviel wie das Essen für Menschen. Es ist weder gesund, längere Zeit übersättigt zu sein, noch darf man ständig zu wenig essen. Die meisten Saikei-Liebhaber gießen zu viel. Es ist sehr zweifelhaft, ob Sie Ihre Bäume wirklich zweimal am Tag wässern müssen, außer vielleicht bei sehr heißem und trockenem Wetter.

Wenn der Baum fast trocken ist, wässern Sie solange, bis die Erde sich ganz mit Wasser vollgesogen hat. Auch wenn Sie einmal vollkommen ausgetrocknet war, sollten Sie nur solange Wasser nachgeben, bis sie nichts mehr aufnehmen kann. Gießen Sie dann nicht weiter, weil Sie den Baum sonst »ertränken« würden; es sterben dann nämlich die Wurzeln ab.

Wenn Ihre Bäume in geheizten Räumen stehen, wird die Luft in diesen sehr trocken sein. In diesem Fall sollen Sie nicht nur die Erde wässern, sondern auch das Laub. Besprühen Sie die Blätter mindestens zweimal täglich.

Auch wenn Sie in der staubigen Stadt wohnen, müssen Sie die Blätter besprühen. Das gestattet nicht nur den Blättern besser zu »atmen«, sondern es vermittelt auch einen angenehm erfrischenden Anblick.

Ahornblätter sollten während eines Sommertages nicht besprüht werden, da die starken Sonnenstrahlen die Blätter wie durch ein Brennglas verbrennen würden.

Wenn Sie jeden g arbeiten und zu bestimmten Zeiten aus dem Haus gehen, sollten Sie auch die Pflanzen jeden Tag um die gleiche Zeit wässern, damit sie sich an einen täglichen Rhythmus gewöhnen. Sollte das nicht reichen, können Sie die Pflanzen auch an einen halbschattigen Platz stellen. Steht einmal eine längere Reise an, müssen Sie das Gießen einem vertrauenswürdigen Nachbarn oder Freund anvertrauen.

Nicht zuletzt ist es empfehlenswert, die Bäume an windigen Tagen aufmerksam zu beobachten, weil dann die Erde sehr schnell austrocknet.

Folgende Regelung für die Häufigkeit des Wässerns ist durchaus weiterzuempfehlen. Sie wird wahrscheinlich in den meisten Fällen angebracht sein.

- Frühling, Herbst: einmal am Tag wässern
- Sommer: ein- oder zweimal täglich wässern
- Winter: alle drei Tage wässern

Beachten Sie: Bei kaltem Wetter vergessen wir oft das Gießen, weil wir uns die meiste Zeit im Hause aufhalten. Gewöhnen Sie sich deshalb daran, die Bäume täglich zu überprüfen, und wenn nötig zu wässern. Auch kahle Bäume müssen während ihrer Winterruhe von Zeit zu Zeit gegossen werden. Gießen Sie nie auf gefrorenen Boden, warten Sie, bis er taut.

Düngen

Es gibt viele Arten von Düngern. In Japan hält man Ölkuchen für sehr gut geeignet, aber ist schwierig, wenn nicht gar unmöglich, ihn in anderen Ländern zu bekommen. Dennoch gibt es auf der ganzen Welt ausgezeichnete Dünger.

Einiges sollten Sie aber über Dünger wissen, und diese Grundregeln sollten Sie immer beachten.

- Geben Sie den Dünger in kleinen Mengen. Zuviel auf einmal kann den Wurzeln schaden, während eine Pflanze kaum jemals sterben kann, weil sie zu wenig Dünger bekommt.
- Die Düngermenge ist abhängig vom Zustand des Baumes. Wenn Sie einem ohnehin kräftigen Baum auch noch zuviel Dünger geben, wird er zu schnell wachsen, während ein geschwächter Baum dadurch eingehen kann.
- Umgetopfte Pflanzen, die noch keine neuen Wurzeln getrieben haben, dürfen keinen Dünger bekommen.
- Blühende und früchtetragende Gehölze brauchen relativ viel Dünger.

Dünger in	Pulverform	Pastenform	flüssiger Form
Methode	an einem Punkt auf der Oberfläche ausstreuen	mit Wasser vermischen, zu 2 cm großen Kugeln kneten und an einem Punkt auslegen	etwas stärker verdünnen als empfohlen
Menge pro Düngung	1 Teelöffel voll	1 Kugel	einmal den Boden durchtränken
Frühling, Herbst	einmal im Monat	einmal im Monat	2- bis 3mal im Monat
Sommer	ein wenig im Hochsommer	ein wenig im Hochsommer	reichlich im Hochsommer
Winter	nicht düngen		
Bemerkungen	jedesmal auf eine andere Stelle streuen schadet (dem Moos)	jedesmal an eine andere Stelle legen	nicht bei zu trockenem oder zu nassem Boden

Anfänger, die ihren Baum gern kraftstrotzend sehen wollen, düngen meist zuviel. Anfänger düngen auch geschwächte Bäume zuviel, um ihnen Lebenskraft zu geben. Leider werden die Pflanzen dadurch oft getötet. Man sollte nicht düngen, wenn ein Baum gerade umgepflanzt worden ist, oder sich infolge Lichtmangels oder falschen Gießens in einem Schwächezustand befindet.
Wenn Sie zu oft organischen Dünger verwenden, kann die Erde übersäuert werden. Der Baum stirbt dadurch, oder wird jedenfalls geschwächt, die Blätter verblassen und fallen ab. Wenn das geschieht, sollten Sie eine Lösung aus 9 Teilen Wasser und 1 Teil Holzasche vorbereiten und den Ballen darin tauchen. Es genügt auch, einmal richtig damit zu gießen. Der Säuregrad der Erde wird dadurch stark gemindert. In der richtigen Jahreszeit können Sie den Baum auch noch einige Tage nach dieser Behandlung umpflanzen.
Bei einem großen Baum, der in der normalen, gut wasserabführenden Erde wächst, ließen sich die Wurzeln nicht so leicht schädigen. Bei Saikei jedoch haben wir es mit flachen Erdschichten zu tun und müssen deshalb sparsam düngen.
Ein frisch umgepflanzter Baum darf ein halbes bis ein ganzes Jahr nicht gedüngt werden. Ein Baum soll nur gedüngt werden, damit er seine Kraft behält. Die frische Erde wird ihn zunächst mit Nährstoffen versorgen.

Düngemenge, -zeit und -häufigkeit

Die Tabelle soll Ihnen eine Richtlinie sein. Befolgen Sie sie, auch wenn Ihnen einiges nicht ausreichend erscheint. Das ist es eben doch! Für Felsenpflanzungen sind Flüssigdünger am besten geeignet. Wenn der Dünger wohl ausgewogen ist, kann er dem Moos nicht schaden. Flüssigdünger kann man in jedem Blumenladen kaufen.

Meisterwerke des Saikei

1. Eine verzauberte Landschaft

Material

- 3 ca. fünfjährige Ajanfichten
  16 fünf- bis achtjährige Sicheltannen, 15–20 cm
  7 drei- bis achtjährige Japanische Azaleen
  3 dreijährige Azaleen
- 12 kleine Fluß-Steine
- Runde, unglasierte Schale, ca. 70 cm Durchmesser
- Pflanzerde und grober Torf; Sphagnum- und grünes Moos
- Flußsand und weißer Sand

Arbeitsvorgang

Bedecken Sie den gesamten Boden der Schale mit Erde und setzen Sie darauf die Felsen 1–5. Nun ein wenig Torf und Sphagnum unter die Ränder der Steine drücken, so daß sie fest stehen. Den Freiraum zwischen Felsen 1, 3 und 5 mit Erde und Torf ausfüllen, so daß ein kleiner Hügel entsteht. Das Gleiche zwischen 2 und 4, die Erhöhung zum Topfrand hin auslaufen lassen. Die Fichten und Tannen wie unten aufgezeigt verteilen und einpflanzen. Nun die gesamte bepflanzte Fläche mit feinerer Deckerde versehen. Zum Schluß die Azaleen so einsetzen, wie in der Darstellung durch die kleinen schwarzen Punkte angezeigt. Wenn der Pflanzvorgang abgeschlossen ist, die Erdoberfläche mit einem breiten Pinsel glätten und säubern; dann wässern und mit grünem Moos bedecken. Jetzt noch die Steine 6–12 dazulegen und um sie herum eventuell mit dem weißen Sand einen dahinplätschernden Bach entstehen lassen.

Wichtig

Die Steine so ausrichten, daß der jeweils interessanteste Teil ihrer Oberfläche zu sehen ist und daß sie in ihren Höhen variieren. Dazu neigt man sie ein wenig zum Mittelpunkt der Schale hin. Achten Sie auch darauf, daß die Ajanfichten so stehen, daß sich ihre Äste über die Felsen hinweg und ebenfalls zur Mitte hin erstrecken.

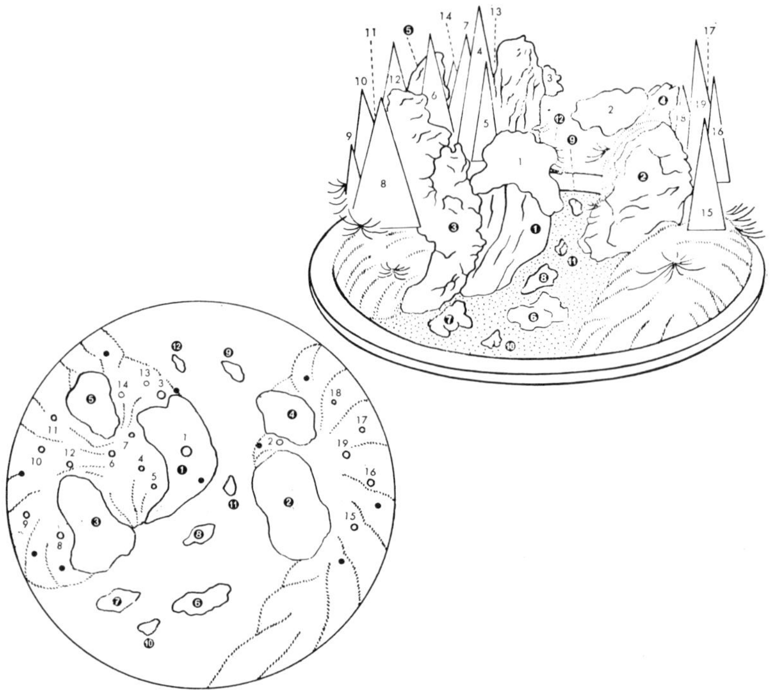

2. Weg durch einen Tannenwald

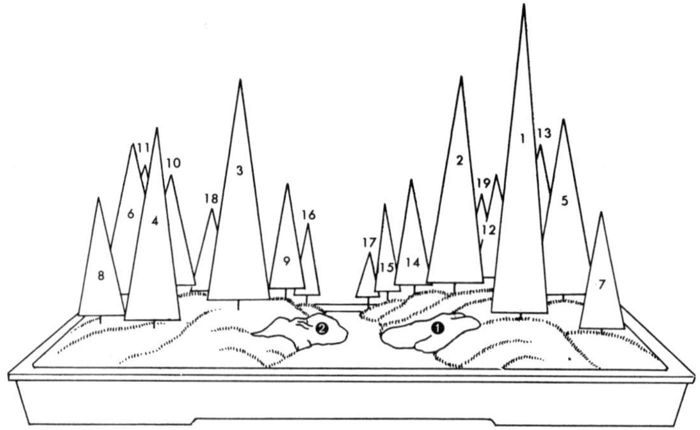

Material

- 19 fünf- bis fünfzehnjährige Sicheltannen, 15–50 cm
- 2 Berg-Steine
- Rot bemalte Steingut-Schale, 100 × 38 cm
- Pflanzerde; grünes Moos
- Flußsand

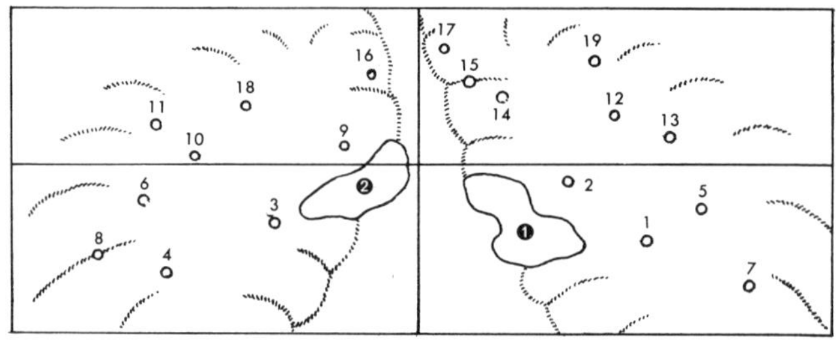

Arbeitsvorgang

Den Boden der Schale mit grober Erde bedecken. Hohe Bäumchen nach vorne setzen, um eine gewisse Perspektive zu erzielen. Keinesfalls in schnurgeraden Reihen anordnen. Die Tannen der Größe nach, wie durch die Zahlen angegeben, mit feinerer Erde einpflanzen. Danach die feinste Erdschicht auftragen und eine hügelige Oberfläche herausarbeiten. Dann die Steine wie angegeben mit einbeziehen. Durchdringend wässern, mit grünem Moos bedecken und durch eine dünne Schicht des Sandes den Weg andeuten.

3. Seeufer in einer Berglandschaft

Material

- 25 fünf- bis zwanzigjährige Ajanfichten (einschließlich 8 toter Bäume), 25–65 cm
  1 über 5 Jahre alte Japanische Azalee
  2 fünf- bis zehnjährige Zwerg-Azaleen
- 15 Berg-Steine
- Braun bemalte Steingut-Schale, 100 × 38 cm
- Pflanzerde; grünes Moos
- Blaugrauer Sand

Arbeitsvorgang

Zuerst die toten Bäume verteilen. Dann unter ständiger Berücksichtigung des Gesamteindrucks die lebenden Fichten einsetzen. Die auf der rechten Seite sollen den Vordergrund ausmachen, während die auf der linken (scheinbar) weiter hinten am Ufer eines Sees stehen. Die Bäume sollen in ihren Gruppen ziemlich dicht aneinander gepflanzt werden. Danach die Steine wie angegeben größenmäßig anordnen und die Azaleen so einbeziehen, wie es die schwarzen Punkte veranschaulichen. Feine Erde für die Oberfläche aufschütten, die nicht zu ebenmäßig erscheinen darf. Zum Schluß wässern und mit dem grünen Moos abdecken, um dem Saikei den letzten Schliff zu geben.

Wichtig

Die Wurzeln der abgestorbenen Bäume zusätzlich mit Brettchen abstützen und zur Konservierung dort mit Baumteer behandeln, wo sie mit Erde bedeckt werden sollen.

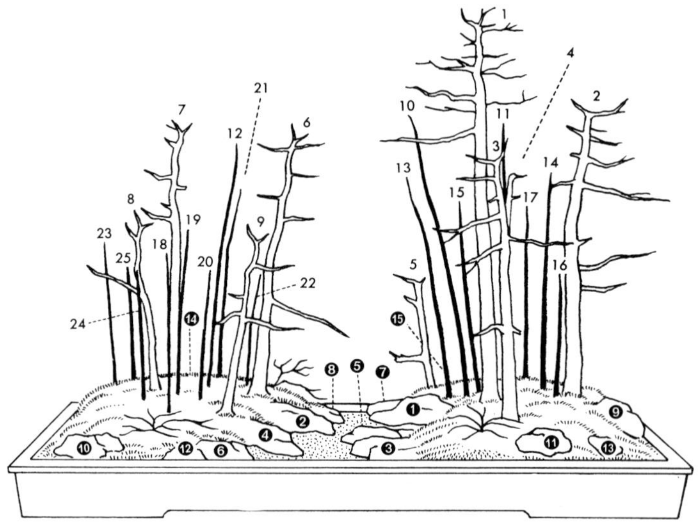

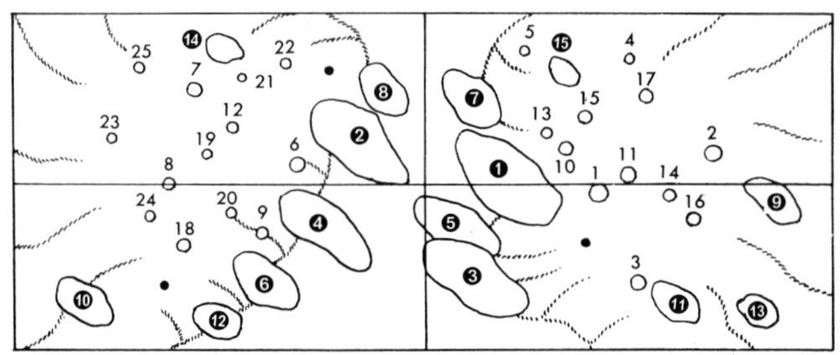

4. Kiefernhain am Meeresufer

Material

- 9 zehn- bis fünfzehnjährige Mädchenkiefern, 10–35 cm
- 11 runde Fluß-Steine
- Unglasierte Tonschale, 100 × 35 cm
- Pflanzerde; grünes Moos
- Flußsand und weißer Sand

Arbeitsvorgang

Den Boden der Schale mit einer Schicht der gröbsten Erde bedekken. Dann die Kiefern so verteilen, daß die größeren im Vordergrund stehen und dem Arrangement eine gewisse Tiefe geben. Nach dem Pflanzvorgang die Deckerde hinzufügen, die Oberfläche mit kleinen Mulden und Hügeln gestalten und eine schmale Halbinsel herausformen, die sich nach rechts erstreckt. Danach setzen Sie die Felsen ein, wässern die Bäumchen, bedecken den Boden mit grünem Moos, streuen rundherum eine Schicht Flußsand und benutzen im Vorder- und Hintergrund den weißen Sand, um den Eindruck einer Meeresküste zu vermitteln.

Wichtig

Die Neigung der Stämme und die Ausrichtung der Äste trägt entscheidend zum Eindruck von windgepeitschten Kiefern bei.

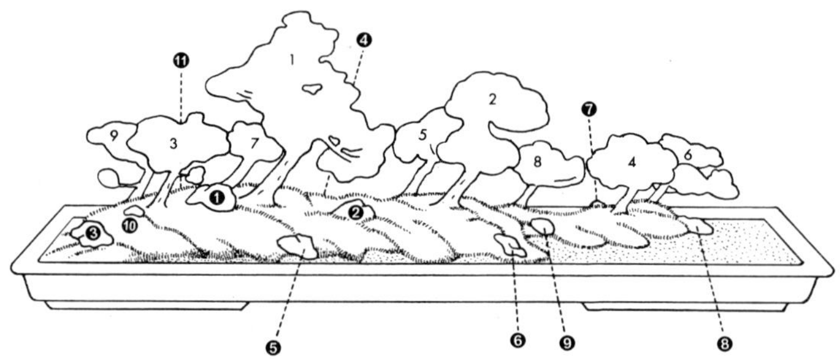

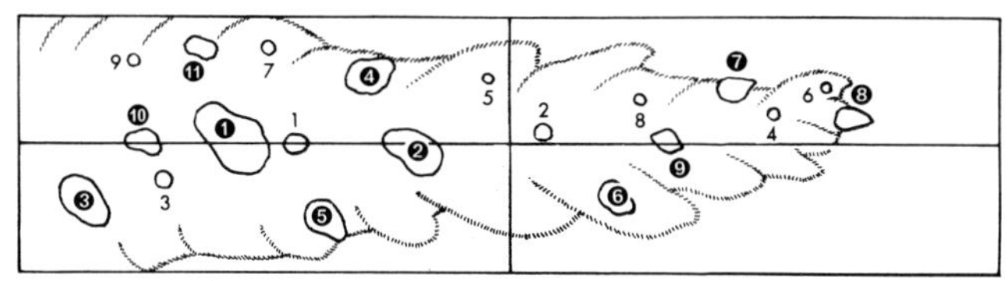

5. Ein urtümlicher Garten

Material

- 5 zehn- bis fünfzehnjährige China-Wacholder, 20–40 cm
- 11 Fluß-Steine
- Rote Steingut-Schale, 100 × 38 cm
- Pflanzerde; grünes Moos
- Flußsand

Arbeitsvorgang

Den Boden der Schale mit einer Schicht grober Erde versehen. Dann die Bäume so verteilen, daß der Vordergrund auf der rechten, der Mittelgrund aber auf der linken Seite entsteht. Nun mit der Pflanzerde zwei Hügel herausformen, und zwar auf der rechten Seite einen, der etwas breiter und höher erscheint als der auf der linken. Danach pflanzen Sie die Bäumchen ein, beziehen die Felsen der Größe nach und in der angegebenen Reihenfolge mit ein und bedekken sie teilweise mit Erde, aber so, daß die schönsten Seiten noch zu sehen sind. Stein 11 sollte den Anschein einer Stufe erwecken, die zum Gartenteich hinunterführt. Dann die Deckerde aufstreuen, die Oberfläche unregelmäßig formen, wässern und schließlich mit grünem Moos abdecken, womit das Saikei-Arrangement komplett wäre.

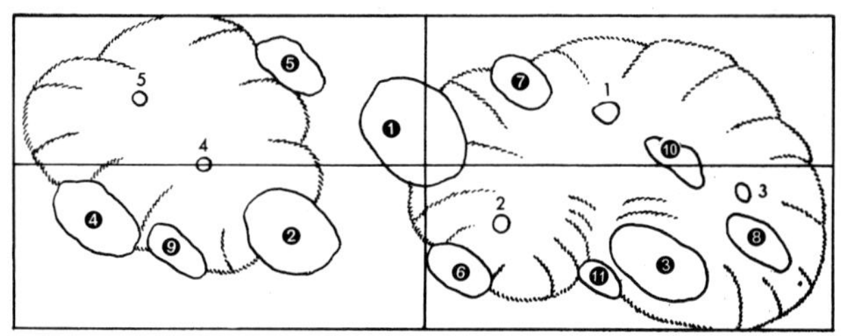

Wichtig

Gruppenpflanzungen von Chinawacholdern sind nicht leicht zusammenzustellen. Die Neigung der Stämme und die Ausrichtung der Hauptäste sollte genauestens überdacht werden, um der ganzen Zusammenstellung Gleichgewicht und Tiefe geben zu können.

6. Die Inseln von Matsushima

Wichtig

Jede Insel sollte für sich eine wohlgestaltete Einheit innerhalb des ausgewogenen Gesamtaufbaus bilden. Die Ausrichtung der Stämme und Äste und die Form der Felsen müssen aufeinander abgestimmt sein. Die Größen, Höhen und Formen der Inseln sowie die der dazwischenliegenden Flächen sollten unterschiedlich sein, um das Arrangement interessanter zu gestalten.

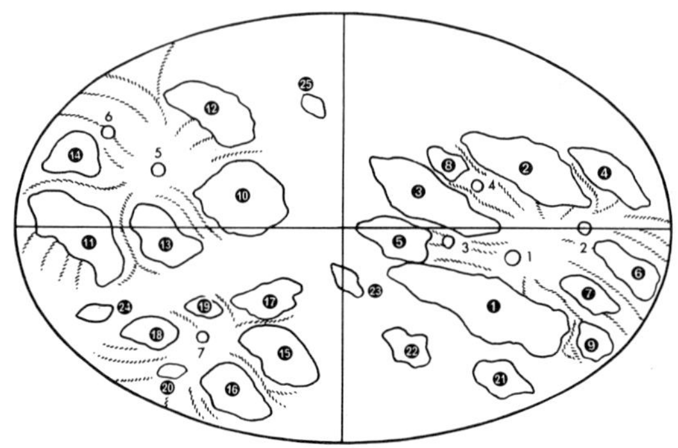

Material

- 7 zehn- bis zwanzigjährige Mädchenkiefern, 15–25 cm
- 25 Fluß-Steine
- Ovale, unglasierte Schale, 90 × 75 cm
- Pflanzerde, grober Torf; grünes Moos
- Flußsand

Arbeitsvorgang

Den Boden des Tabletts mit grober Erde bedecken. Die drei Hauptinseln sollten ein Dreieck bilden, das dem gesamten Aufbau Tiefe verleiht. Fangen Sie mit der größten Insel auf der rechten Seite an: befestigen Sie die Felsen 1–9 mit dem Torf, formen sie in deren Mitte aus Pflanzerde einen Hügel und verteilen darauf in der angegebenen Folge die Bäume. Nun auf dieselbe Weise die Insel auf der linken Seite und die im mittleren Vordergrund zusammenstellen. Wenn die Position der Bäume auf den Inseln und auch der Gesamteindruck zufriedenstellend wirkt, können Sie mit mehr Erde den Pflanzen den richtigen Halt geben. Zum Schluß die Erdoberfläche ungleichmäßig gestalten, wässern und das Moos auslegen. Zur Vollendung die Felsen 21–25 auslegen und eine dünne Schicht Sand verteilen.

7. Friedliche Lagune

Material

- 10 fünfzehn- bis zwanzigjährige Schwarzkiefern, 12–20 cm
- 9 Fluß-Steine
- Ovale, unglasierte Tokoname-Steingut-Schale, 90 × 50 cm
- Pflanzerde; grünes Moos
- Flußsand und weißer Sand

Arbeitsvorgang

Bedecken Sie den Boden des Tabletts mit grober Erde. Setzen Sie die Felsen 1–3 auf die rechte, Felsen 4 auf die linke Seite, so daß eine schmaler werdende Bucht entsteht. Dann an den rechten Schalenrand zur Schaffung des Vordergrundes einen größeren und links für den Mittelgrund einen flachen Hügel aufschütten. Die Bäume 1–4 einsetzen und die Felsen 6 und 7 auf den höheren Hügel legen. Als nächstes die Bäume 5–10 pflanzen und auf der gleichen Seite die Felsen 8 und 9 integrieren. Schließlich die Deckerde auftragen, ungleichmäßig verteilen, wässern und das Moos auf die Erde legen.

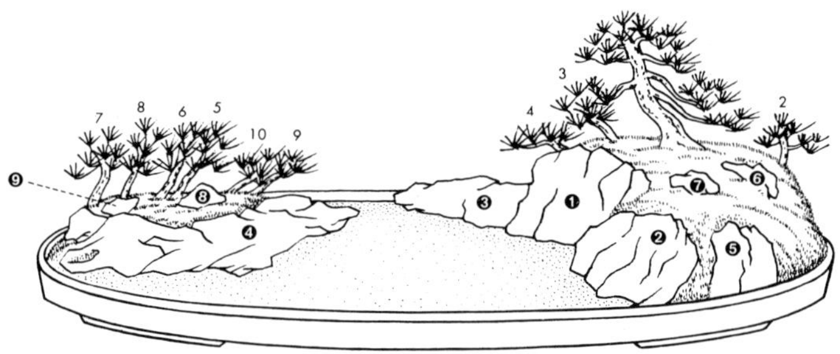

Wichtig

Die Stämme der Bäume sollten zur Bucht hin geneigt stehen, um den Eindruck zu erwecken, daß sie ständig den Meereswinden ausgesetzt sind. Die sichtbaren Oberflächen von Fels 2 und 4 können gut schroff und zerklüftet erscheinen und so die Wirkung der Brandung versinnbildlichen.

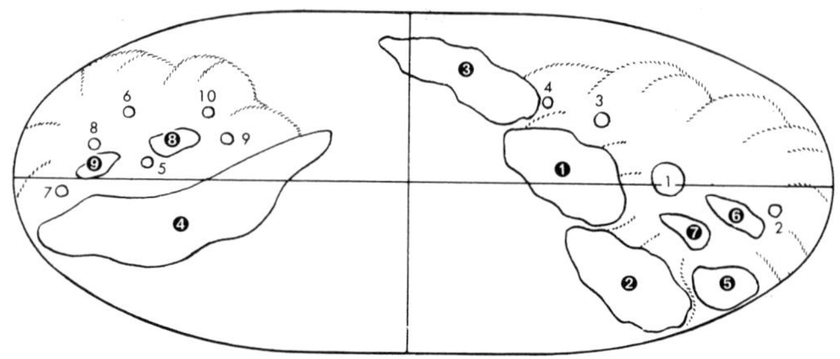

8. Im Garten Eden

Material

- 7 fünf- bis siebenjährige Felsenmispeln, 10–18 cm
  7 dreijährige Japanische Azaleen
- 15 Fluß-Steine
- Rechteckige, unglasierte Schale, 120 × 40 cm
- Pflanzerde, grober Torf; Sphagnum- und grünes Moos
- Flußsand

Arbeitsvorgang

Zuerst wieder den Boden der Schale mit einer Schicht grober Erde bedecken. Stellen Sie die Felsen wie angegeben auf und formen Sie mit Hilfe der Erde zwei Hügel. Stützen Sie die Felsen mit Torf und Sphagnum-Moos ab. Nun können die Felsenmispeln nach dem Schema mit einbezogen werden, und genauso die Azaleen, die in der Zeichnung durch schwarze Punkte gekennzeichnet sind. Zum Schluß entfernen Sie von allen nicht bepflanzten Teilen die überflüssige Erde, wässern, legen das Moos aus und streuen den Sand an die vorgesehenen Stellen.

Wichtig

Achten Sie auf einen angemessenen Kontrast und gleichzeitig auf eine gewisse Harmonie der beiden Hügel, der verschiedenen Baumhöhen und der Ausrichtung der Stämme und Äste.

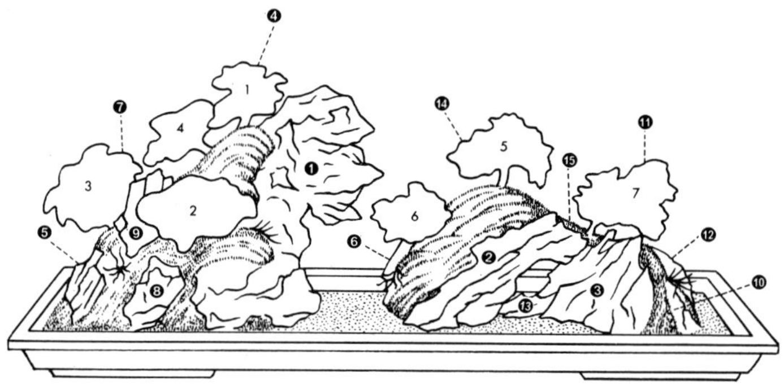

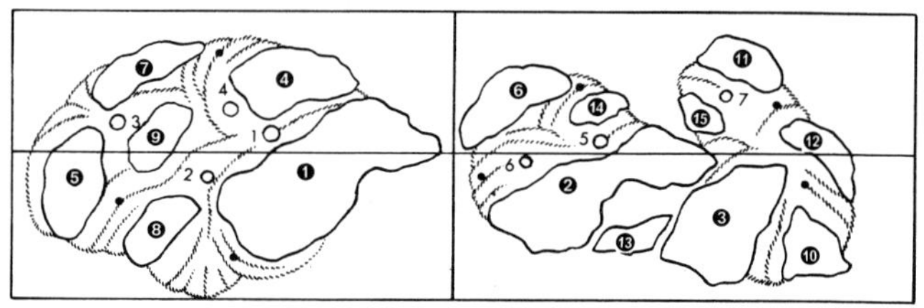

9. Am Oberlauf eines Flusses

Material

- 15 fünfjährige Felsenmispeln, 5–10 cm
- 1 Fluß-Stein, rund und flach
- Ovale, unglasierte Tokoname-Steingut-Schale, 60 × 28 cm
- Pflanzerde, grober Torf; grünes Moos
- Flußsand

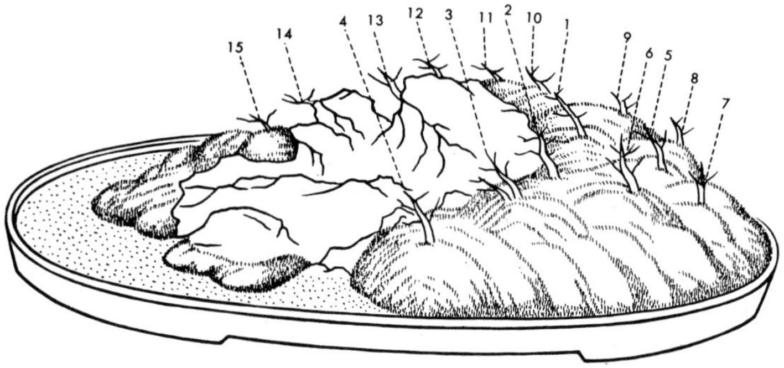

Arbeitsvorgang

Bedecken Sie den Boden der Schale mit grober Erde und legen Sie den Felsen in die Mitte. Bilden Sie mit Hilfe der Erde eine Art Wall um den Stein herum und pflanzen Sie die Felsenmispeln darauf. Mit dem Torf lassen Sie steile Böschungen entstehen, machen dann die gesamte Erdoberfläche ungleichmäßiger, gießen, legen das Moos aus und streuen eine Schicht Sand um das Ganze.

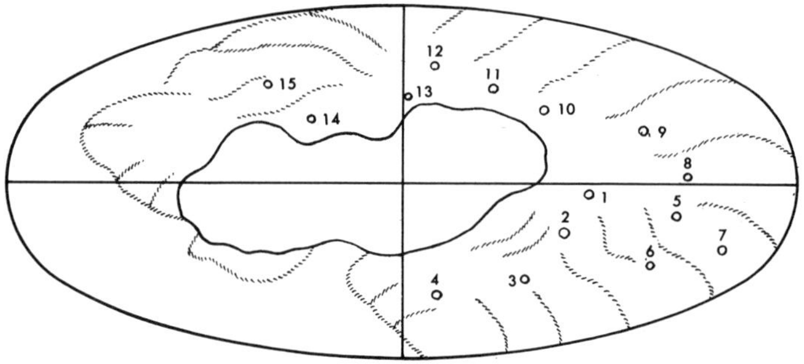

Wichtig

Der Felsen soll natürlich von seiner besten Seite präsentiert werden, und die Pflanzen darauf können so arrangiert erscheinen, daß die Ausrichtung ihrer Äste mit der Oberfläche des Steines harmoniert. Pflanzen Sie die kleineren Bäumchen in den Hintergrund, um der Zusammenstellung Tiefe zu geben. Die Ränder der Moosschicht sollten kunstvoll geschwungen dem Ufer eines Flußes zugehörig wirken.

10. Sprudelnde Bäche

Material

- 25 vier- bis fünfjährige Sicheltannen, 5–11 cm
- 1 Fluß-Stein
- Ovale, unglasierte Tokoname-Steingut-Schale, 65 × 33 cm
- Pflanzerde; grünes Moos
- Flußsand

Arbeitsvorgang

Bedecken Sie den Boden der Schale mit grober Erde und setzen Sie den Stein darauf. Nun werden die Sicheltannen in der angegebenen Reihenfolge mit weiteren Erdteilen eingepflanzt. Formen Sie dann mit noch mehr Erde die Oberfläche so, daß der Eindruck von mehreren kleinen Bächen entsteht, die von einer sprudelnden Quelle ausgehend durch Felsspalten fließen. Schließlich wässern Sie das Arrangement und decken es mit dem grünen Moos ab.

Wichtig

Die Lage und die Form des Felsens ist in dieser Saikei-Zusammenstellung von großer Bedeutung. Behandeln Sie auch die Erdoberfläche so, daß sie Strukturen des Felsens unterstreichen kann. Dazu läßt sich der Felsen auch noch leicht kippen und in seiner Lage verändern.

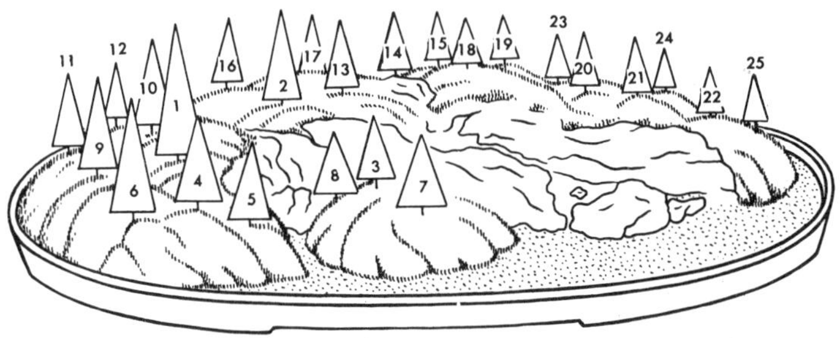

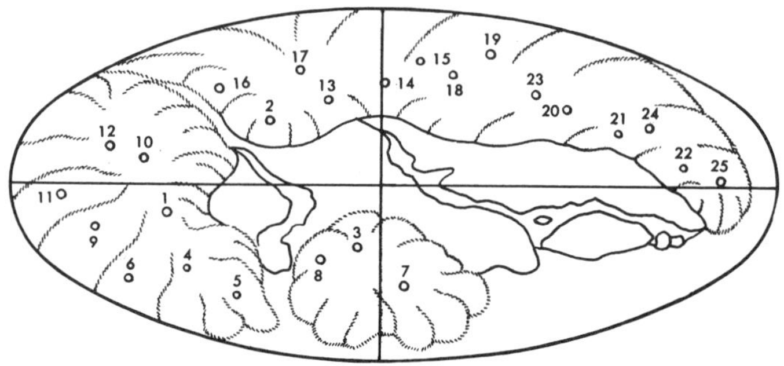

11. Seeufer mit Schneeresten

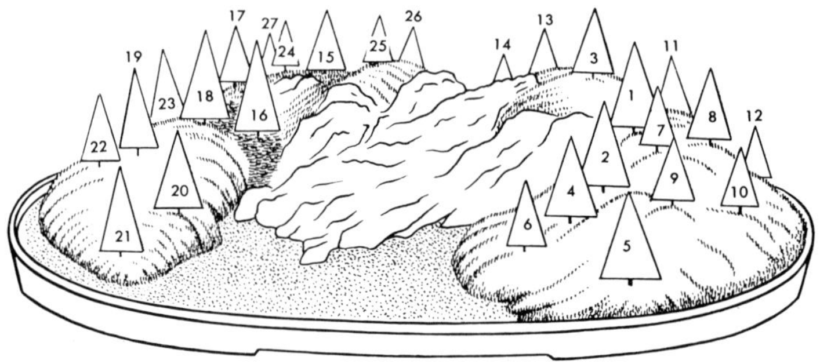

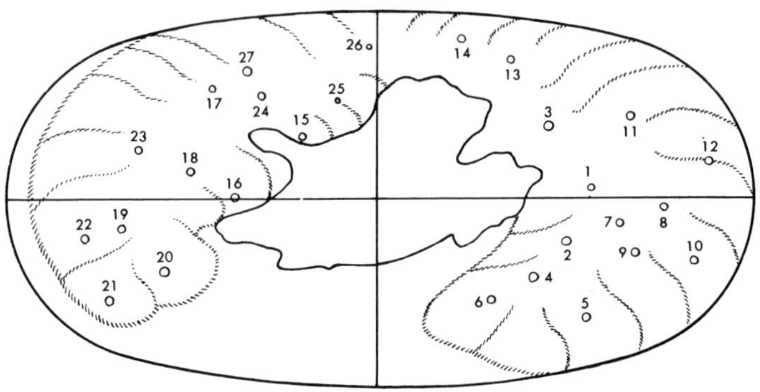

Material

- 27 vier- bis fünfjährige Sicheltannen, 6–11 cm
- 1 größerer Berg-Stein
- Ovale, unglasierte Tokoname-Steingut-Schale, 65 × 33 cm
- Pflanzerde, Torf; grünes Moos
- Flußsand

Arbeitsvorgang

Zunächst bedecken Sie wieder den Boden des Tabletts mit grober Erde, setzen darauf den Stein und befestigen ihn. Um seine Rückseite herum bilden Sie mit der Erde mehrere Hügel, auf die dann wie angegeben die Tannen gepflanzt werden. Fügen Sie die Deckerde und Torf hinzu, formen Sie eine interessante Oberflächenstruktur und wässern Sie gründlich. Zum Schluß kann das Moos aufgelegt werden.

Wichtig

Siehe Beispiel 10.

12. Bergschlucht

Material

- 29 fünf- bis zehnjährige Sicheltannen, 11–35 cm groß
- 9 Fluß-Steine
- Ovale, unglasierte Tokoname-Steingut-Schale, 68 × 48 cm
- Pflanzerde; grünes Moos
- Flußsand und weißer Sand

Arbeitsvorgang

Bedecken Sie den Boden des Tabletts mit grober Erde und verteilen Sie die Felsen 1 bis 7. Füllen Sie den Zwischenraum zum Rand des Gefäßes hin mit Erde aus, nicht aber den freien Teil in der Mitte. Unter Verwendung der größten Bäumchen am linken Schalenrand wird hier ein Vordergrund geschaffen, während am rechten die mittelgroßen und ganz hinten die kleinsten stehen. Nach dem Pflanzvorgang die Deckerde auftragen und die Oberfläche modellieren, anschließend wässern, das Moos auslegen und die Felsen 8 und 9 setzen. Zum Schluß den Flußsand und ein wenig weißen Sand zur Komplettierung des Saikei verteilen.

Wichtig

Der Eindruck von einer steilen Schlucht sollte vervollkommnet werden, wenn die Felsen stehen und die Erde aufgefüllt ist. Felsen 3 wird senkrecht aufgestellt, um dem Arrangement Tiefe zu verleihen. Weiterhin sollte der Eindruck entstehen, daß hinter Felsen 1 ein Fluß entspringt. Zusammenfassend wäre zu sagen, daß bei allen Bedenken um den Gesamteindruck auch die charakteristischen Eigenschaften der einzelnen Felsen immer mit einbezogen werden sollten.

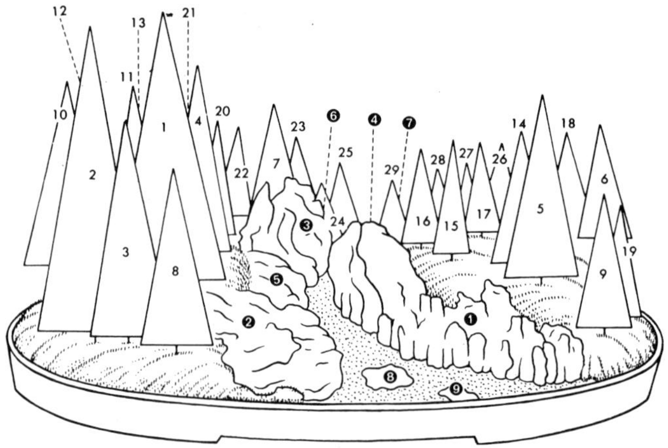

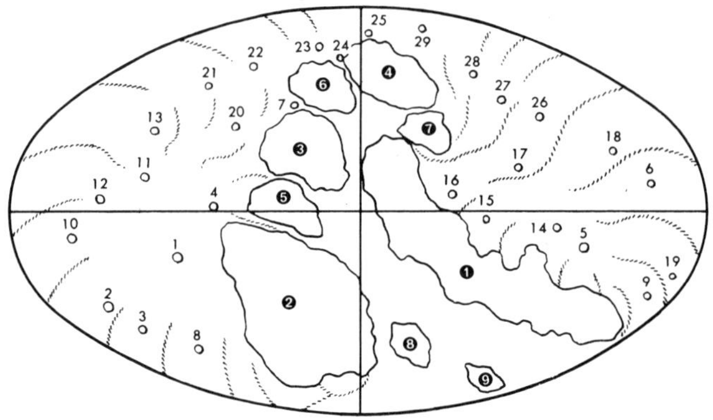

13. Stromschnellen in den Bergen

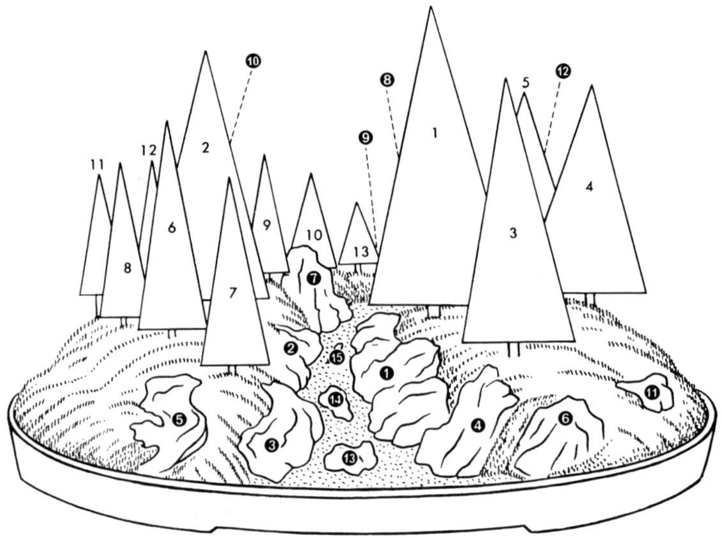

Material

- 13 fünf- bis fünzehnjährige Sicheltannen, 10–35 cm groß
- 15 Fluß-Steine
- Ovale, unglasierte Tokoname-Steingut-Schale, 75 × 63 cm
- Pflanzerde; grünes Moos
- Flußsand und weißer Sand

Arbeitsvorgang

Bilden Sie mit der Erde zwei breite Hügel am rechten und am linken Rand des Tabletts. Der Freiraum in der Mitte soll später einen sich windenden Fluß darstellen und muß deshalb freigelassen werden. Verteilen Sie die Bäumchen so, daß am rechten Schalenrand der Vordergrund entsteht, der Mittelgrund links und der Hintergrund an der Rückseite des Gefäßes. Nach dem Pflanzvorgang die Deckerde auftragen und die Felsen 1–12 aufstellen. Diese Felsen bilden die Ufer des Flusses. Tragen Sie nötigenfalls mehr Erde auf und formen Sie eine unregelmäßige Oberfläche, die mit der Gestalt der Steine harmoniert. Dann wässern, das Moos auslegen und die Felsen 13–15 in das Flußbett legen. Verteilen Sie eine Schicht des Flußsandes und verwenden um die Felsen im Fluß herum weißen Sand.

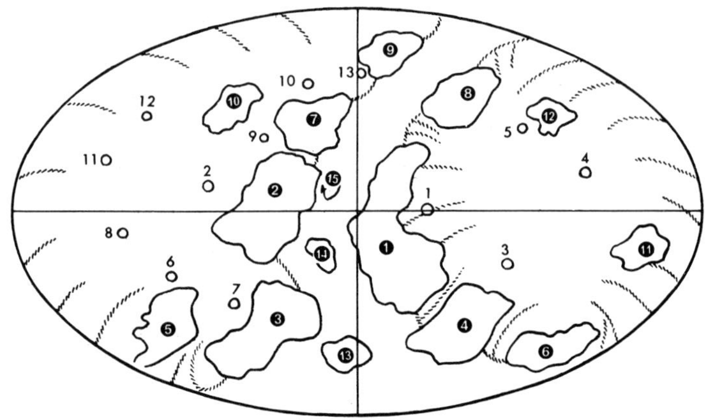

Wichtig

Beachten Sie, daß Felsen 7 senkrecht aufgestellt werden soll, um dem ganzen Arrangement Tiefe zu verleihen. Die zum Fluß hin gekehrten Seiten der Felsen sollten schön abgerundet erscheinen.

14. Hochebene im Wind

Material

- 5 dreijährige und mehrstämmige Erika, 4–11 cm groß
- 1 Wasserbecken-Stein
- Ovale, unglasierte Tokoname-Steingut-Schale, 73 × 35 cm
- Roter Lehm; grünes Moos

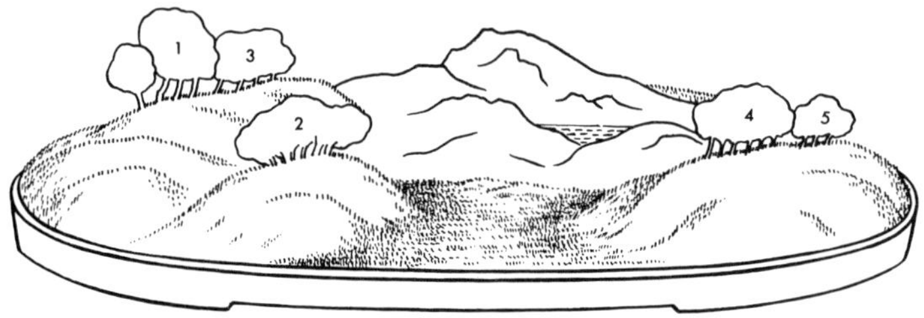

Arbeitsvorgang

Zunächst den Boden des Gefäßes mit etwas grober Pflanzerde bedecken, dann den Stein an den hinteren Rand legen. Formen Sie dann aus dem Lehm 3 Hügel, und zwar einen im rechten Vordergrund, einen anderen im linken Vordergrund und den dritten unmittelbar hinter den zweiten. Pflanzen Sie dann die Erika in der angegebenen Anordnung. Danach bringen Sie die Deckerde auf und strukturieren deren Oberfläche. Zum Schluß wässern und das grüne Moos auslegen.

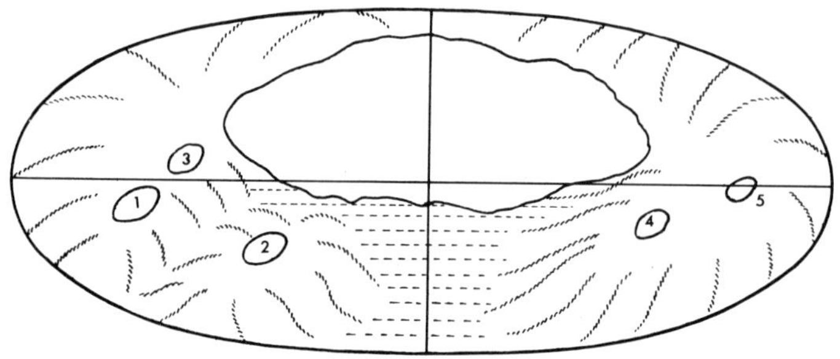

Wichtig

Die Neigungsrichtung aller Pflänzchen sollte die gleiche sein, um den Eindruck zu erwecken, daß sie im Wind stehen. Füllen Sie die Mulde im Stein mit etwas Wasser auf, damit ein See entsteht.

15. Kleine Inseln entlang der Küste

Material

- 2 fünfzehn- bis zwanzigjährige Mädchenkiefern, 17–35 cm groß
- 16 Berg-Steine
- 3 unterteilte, unglasierte Saikei-Schalen, 55 × 33 cm (2) und 40 × 25 cm (1)
- Pflanzerde und Torf
- Flußsand und weißer Sand

Arbeitsvorgang

Rechte Schale: Pflanzen Sie die größere Kiefer auf den Teil der Schale, der ein Drainageloch besitzt. Als nächstes müssen die Steine auf die bepflanzte Fläche gesetzt und mit Hilfe des Torfes befestigt werden. Dann wässern und eventuell mit grünem Moos bedecken. Nicht bepflanzte Teile etwas mit Flußsand bestreuen. Die andere Hälfte des Gefäßes mit Wasser anfüllen und Felsen 8 etwa in deren Mitte legen.
Mittlere Schale: Genauso verfahren wie beim rechten.
Linke Schale: Bedecken Sie den mit einem Loch versehenen Teil mit Sand und setzen Sie darauf den Felsen. Die andere Seite wird mit Wasser gefüllt und erhält als Gegenstück an geeigneter Stelle einen kleineren Felsen.

Wichtig

Die Saikei-Arrangements in der rechten und der mittleren Schale können sowohl einzeln, als auch in Verbindung mit der linken aufgestellt werden. Gerade das Variieren der Kombinationen bietet einen besonderen Reiz.

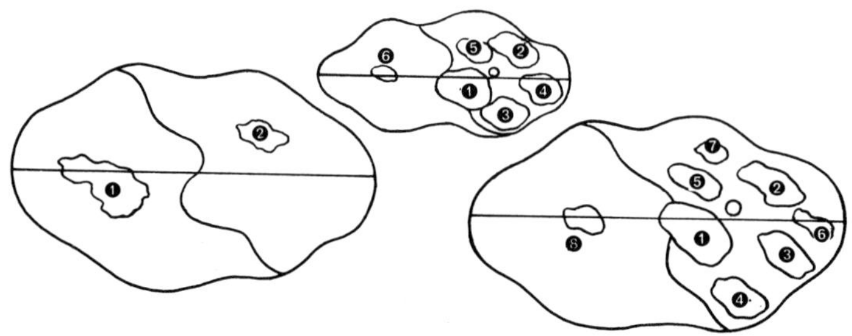

16. Am Wasser

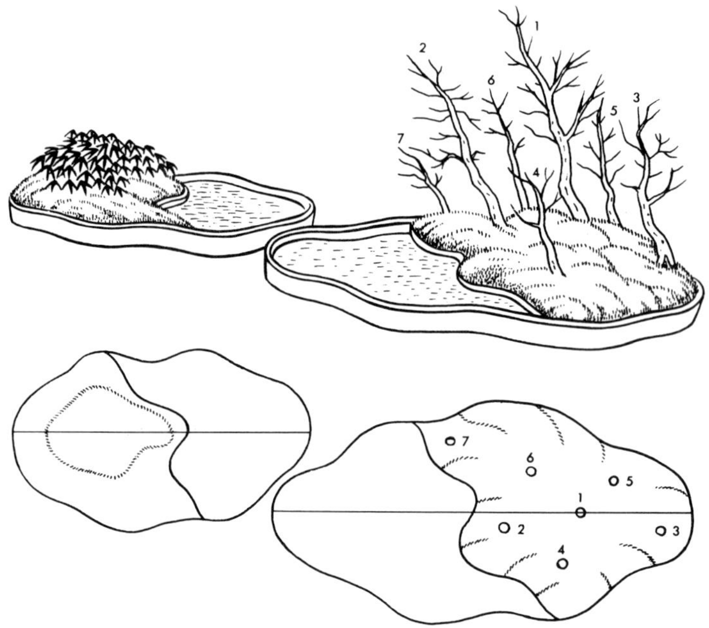

Material

- 7 fünf- bis siebenjährige Hainbuchen, 10–23 cm (für die rechte Schale)
  1 etwa dreijähriges Bambuswäldchen, 4 cm hoch
- 2 unterteilte, unglasierte Saikei-Schalen, 63 × 33 cm und 40 × 25 cm
- Roter Lehm; grünes Moos
- Flußsand

Arbeitsvorgang

Rechte Schale: Verteilen Sie etwas Erde auf der Seite, die ein Loch hat, setzen Sie die Bäumchen darauf und pflanzen Sie sie richtig ein (siehe dazu das Kapitel über Gruppen-Pflanzungen). Anschließend wässern und mit Moos abdecken.
Linke Schale: Wieder die Seite mit dem Loch mit grober Erde bedecken und dann darauf den Bambus-Hain pflanzen. Wässern und Moos auflegen.
Bei beiden Schalen den geschlossenen Teil mit Wasser anfüllen und das Ganze so aufstellen, daß eine ansprechende Szenerie entsteht.

Koide
Kato
Takeyama
Bonsai
Freude an japanischen Zwergbäumen
Bonsai
BLV

BLV Garten- und Blumenpraxis

Diese Reihe ist völlig neu konzipiert. Die Autoren sind kompetente Fachleute. Sie bringen ihr Wissen und ihre Erfahrungen so allgemeinverständlich und leicht faßlich wie möglich. Die Serie BLV Garten- und Blumenpraxis besticht durch die Handlichkeit des Taschenbuchformats, durch optimale Ausstattung und die vielen Farbfotos. Praxisnaher und anregender kann man Garten- und Blumenbücher nicht gestalten.

Horst Daute

Bonsai

Pflege und Anzucht japanischer Zwergbäume

Dieses Buch befaßt sich mit Wesen, Geschichte und mit der heutigen Bedeutung der Bonsai-Kunst. Es stellt ausführlich die beliebtesten Bonsai-Pflanzen vor, erklärt die Anzucht-Methoden, bringt Hinweise auf Gefäße und Erdmischungen.

127 Seiten, 25 Farbfotos, 50 Schwarzweißfotos, 30 Zeichnungen

Martin Stangl

Gartenarbeit richtig gemacht

Dieses Buch gliedert die Aktivitäten im Garten in vier große Gruppen: Arbeiten in allen Gartenbereichen, Arbeiten im Ziergarten, Gemüsegarten und Obstgarten. Sämtliche Arbeitsabläufe werden in – meist farbigen – Fotoserien dargestellt.

127 Seiten, 53 Farbfotos, 108 Schwarzweißfotos, 2 Zeichnungen

Gisela Zinkernagel

Gartenblumen

Stauden – Sommerblumen – Blumenzwiebeln

Hier werden auf 134 Farbfotos Stauden, Sommerblumen, Zwiebelblumen und Rosen vorgestellt. Die typischen Gartenblumen wurden nach ihren möglichen Standorten ausgewählt und in Gruppen eingeteilt, wobei Wuchsform-, Licht- und Bodenansprüche berücksichtigt wurden.

127 Seiten, 134 Farbfotos, 3 Zeichnungen

Hans Hecht

Kakteen und andere Sukkulenten

Die Auswahl der in 115 Farbfotos vorgestellten Pflanzen umfaßt neben der weitaus am stärksten vertretenen Familie der Kakteen auch andere Gruppen sukkulenter Pflanzen. Dazu ausführliche Beschreibungen nach den Stichworten: Merkmale – Blüten – Heimat – Kultur.

127 Seiten, 115 Farbfotos, 3 Zeichnungen

Helmut Loose

Obstbaumschnitt

Kern-, Stein- und Beerenobst

Dieses Buch sagt und zeigt, wie man mit einfach erlernbaren und naturgemäßen Schnittmaßnahmen auch im eigenen Garten bessere Ernteergebnisse erzielt und den biologischen Wert des Obstes wesentlich steigern kann.

127 Seiten, 38 Farbfotos, 73 Schwarzweißfotos, 66 Zeichnungen

---

BLV Verlagsgesellschaft München